U0274911

铜奔马

中国旅游标志

出土于甘肃省武威市

中国马文化

交流卷

刘 炘 主编

王万平

王志豪 著

读者出版社

图书在版编目（CIP）数据

中国马文化. 交流卷 / 刘炘主编 ；王万平，王志豪
著. -- 兰州 ：读者出版社，2019.8
ISBN 978-7-5527-0571-3

Ⅰ. ①中… Ⅱ. ①刘… ②王… ③王… Ⅲ. ①马—文
化—中国 Ⅳ. ①S821

中国版本图书馆CIP数据核字（2019）第131537号

中国马文化·交流卷

刘 炘 主编

王万平 王志豪 著

策　　划 王先孟

责任编辑 漆晓勤

装帧设计 贺永胜

出版发行 读者出版社

地　　址 兰州市城关区读者大道568号（730030）

邮　　箱 readerpress@163.com

电　　话 0931-8773027（编辑部）　0931-8773269（发行部）

印　　刷 深圳华新彩印制版有限公司

规　　格 开本787毫米×1092毫米　1/16
　　　　　印张20.25　插页3　字数310千

版　　次 2019年8月第1版
　　　　　2019年8月第1次印刷

书　　号 ISBN 978-7-5527-0571-3

定　　价 188.00元

总　序

扬鞭策马神州行，天马行空正当时。

在主编、作者、学者、编辑、画家、摄影家等人员的共同努力下，《中国马文化》丛书历时三年之久，终于付梓出版，与广大读者见面了。

《中国马文化》丛书的编撰出版，填补了中国古代马文化研究的空白。这对于揭示马在中华民族历史上的精神意蕴，具有非常积极的意义和重要的文化价值。

这是传承发展中华优秀传统文化工程的一份宝贵财富，是献给伟大祖国70周年华诞的一份贺礼。

一、一马腾空惊世界　四海瞩目古凉州

武威，是天马的故乡，是中国旅游标志之都。

位于武威城北的雷台观，因明朝中叶人们曾在此供奉雷神而得名，现为全国第五批重点文物保护单位。

就是在这里，一个偶然的事件，引发了一件震惊世界的事情；一件绝世珍宝的发现，使一座千年古城成为世人关注的焦点。

这座千年古城，就是甘肃武威，因汉武帝为彰显骠骑将军霍去病"武功军威"而命名的城市。这件绝世珍宝，就是在雷台观下的墓葬中出土的一匹铜奔马。

这，是怎样的一匹马？它凭什么被称为中国艺术的最高峰？它为什么被确定为中国旅游标志？它留给世人怎样的启迪和思考？

1969年9月22日，为落实"深挖洞、广积粮、不称霸"和"备战备荒为人民"的号召，原武威县新鲜公社新鲜大队第十三生产队的社员们在雷台观的台基下面开挖防空洞。当他们挥动镐头和铁锹不断向前挖土时，眼前出现了

一堵用青砖砌成的墙壁。墙壁里面竟是一座砖砌的墓室。于是几个大胆的社员怀着既恐惧又好奇的心思进入墓室，发现了满地摆放的器物，其中大部分都是满身绿锈的小车马。凭借经验，他们知道这些都是铜器，于是，在组长同意后，他们将其中的各种文物装了三麻袋，拉到生产队仓库，准备卖铜后给生产队买匹马。

发现古墓的消息很快被上级得知，甘肃省博物馆派两位考古人员对出土文物进行了收缴登记，并对墓葬进行了勘查清理。该墓虽遭多次盗掘，但遗存尚多，出土有金、银、铜、铁、玉、骨、漆、石、陶等器物231件，古钱币两万多枚，堪称一座蕴藏丰富的"地下宝库"。后经专家考证，它应该是东汉晚期一名张姓将军之墓，是一座十分罕见的汉代河西地区墓葬。在这众多的文物中，最突出的是99件铸造精致的铜车马武士仪仗俑，而最引人注目的就是一尊铜奔马。

这尊铜奔马，宽34.5厘米，长45厘米，重7.15公斤。马体形矫健，身势若飞，喷鼻翘尾，昂首嘶鸣，鬃毛飞扬，三蹄腾空，一足踩踏飞鸟。那鸟在展翅飞翔中，惊愕回首，成为奔马凌空的支撑点。其现实主义与浪漫主义相结合的造型创意十分独特，成为巧妙地利用力学原理与失蜡法铸造技艺完美结合的产物，塑造了风驰电掣的天马形象，一展"天马行空"的雄姿。

当年，武威雷台汉墓出土的这批文物，又被收藏于甘肃省博物馆库房，有待新的关注。

1971年9月17日，时任全国人大常委会副委员长的郭沫若同志在陪同外宾访问西北时，忙里偷闲抽空到甘肃省博物馆参观馆藏文物，见到了这匹铜奔马。郭老一时惊叹不已，赞不绝口，连声说："太好了，太美了，真有气魄。"真可谓：伯乐一句话，天马出尘寰。铜奔马于是年冬被选调进京，参加了全国出土文物展览。

1972年2月，举世无双的铜奔马走出国门，先后在法、英两国展出，一时轰动全球，出现"四海盛赞铜奔马"的热潮。英报称"铜奔马已成了一颗引人注目的明星"，英国观众说铜奔马"简直是艺术作品中的最高峰"。海内外人士纷纷发表文章，高度评价铜奔马是"无价之宝"，是"绝世珍品"！

1983 年 10 月，铜奔马因造型精美、构思奇妙、世人瞩目，被确定为中国旅游标志。毫无疑问，这件铜奔马所体现的天马行空、无所羁绊、乘风驰骋的雄姿，象征着古老灿烂文化的精髓，将吸引全世界旅游者的目光。

1985 年，铜奔马被确定为历史文化名城武威的城标。

1996 年，国家文物局组织国家文物鉴定委员会专家组在对文物名称审核时，认为"铜奔马"定名规范，并将其鉴定确认为一级甲等（国宝）文物。

2002 年，铜奔马被国家文物局列入《首批禁止出国（境）展览文物目录》。

铜奔马，挟带历史辉煌和民族自豪，从 1973 年 4 月至 1975 年 8 月，先后到法国、英国、罗马尼亚、奥地利、南斯拉夫、瑞典、墨西哥、加拿大、荷兰、比利时、美国等 14 个国家巡回展出，就像"一颗引人注目的明星"，扬名世界，已成为中华腾飞的精神象征。

二、纵论千古驰大骏　徽帜从此应更盛

铜奔马一"鸣"惊人，立即引起了学术界乃至全社会的强烈反响。面对这件融动态美、力度美于一体的天才杰作，人们表现出了空前的关注和欣赏。

多年来，来自考古学、历史学、文物学、养马学等各个学科领域的专家学者，纷纷聚焦一座墓、一匹马，围绕墓葬年代、墓主人、铜奔马及其后蹄所踩的飞鸟展开热烈的讨论，兴起了"天马文化热"。

我国古代社会铸造了许多形态各异的铜马，就现有资料看，铜马的用途主要有四个：一是铜制的容器，二是随葬用品，三是相马用的"马式"，四是为纪念名马而制作的马像。武威雷台墓出土的铜奔马，是经过雕塑家精心设计制造出来的一件巅峰之作。那么，它是冥器，是马式，还是马像？

"无名天地之始，有名万物之母。"一马何以名，一鸟何以名。铜奔马出土以来，围绕有关铜奔马及马文化的学术争论至今不休。据统计，作为中国旅游标志的铜奔马，目前称谓就有"铜奔马""马踏飞燕""马超龙雀""紫燕骝""飞廉并铜马"等近 40 多种。一件珍贵国宝没有一个确定的名称，既是文物研究的一大遗憾，更是一个有趣的文化现象。可见铜奔马所蕴含的丰富多元的历史文化信息。

和铜奔马一起出土的，还有各种铜俑 45 件，车 14 辆，牛 1 头，马 39 匹，是迄今国内发现数量最多、规模最宏伟、内涵最丰富、气势最壮观的汉代车马仪仗铜俑队，被人们称为"地下千年雄师"。车、马、俑以其独特的造型风格、完美精湛的制作技术和隽永的艺术魅力蜚声中外，充分显示出我国汉代以来的青铜铸造工艺的杰出成就。

《后汉书·舆服志》上说："一器而群工致巧。"铜车马仪仗俑队真实地再现了古代"车如流水马如龙"的盛况，同时也勾起了人们对那个"大风起兮云飞扬"的时代的无尽遐想。但是，人们更多的在问，在沉睡千年的古墓里，这些人、车、牛、马，它们原本是怎样的一种组合呢？而这一永恒的瞬间，怎么又会被定格在武威的古墓里呢？

相约古凉州，揭秘铜奔马，纵论马文化，驰骋新征程。作为古丝绸之路的商埠重镇、军事要塞、人文之都，武威有着十分重要的战略位置。《汉书·地理志》中记载，自武威以西，"习俗颇殊，地广民稀，水草宜畜牧。故凉州之畜为天下饶"。另据《汉书》记载，汉武帝为了远征匈奴，开拓疆土，极渴望好马。听说大宛产良马，便命贰师将军李广利发兵西域，进行了长达四年的征伐。于太初四年（前 101 年），汉朝从大宛国引进大宛马，深得武帝爱惜，特赐名为"天马"。汉设河西四郡后，通过大规模的移民屯田开发政策，这里出现了"河西殷富""牛马布野""凉州之畜为天下饶"的景象。汉武帝在河西等地广设牧场，养马驯骥，培育了大批良马。到魏晋时期，凉州畜牧业进一步发展，马被广泛用于骑乘、役使、运输、军事等各个方面。《晋书·张轨传》记载，公元 308 年，凉州铁骑参加洛阳保卫战，立下了赫赫战功，坊间一时盛传"凉州大马，横行天下"的美名。

没有水草丰茂的环境，天马不会在这里驰骋。没有保家卫国的征战，这里就没有天马的舞台。武威大地，是骏马的疆场；石羊河两岸，是骏马向往的家园。而今天的武威，又成为人们建功立业的热土，奋进驰骋的天地。

三、探轶索隐成系统　龙马精神闻足音

铜奔马，是奋发进取、交流融合、开放包容的象征。

铜奔马，是龙马精神、中国力量、中国创造的象征。

铜奔马，这件千年的艺术精品，以丰富的想象、精巧的构思和高超的技艺，淋漓尽致地彰显了中华民族的浪漫情怀。形与体的天成，力与美的融合，赋予了"天下第一马"蓬勃昂扬的生命张力和一往无前的磅礴气势。

举世瞩目的铜奔马，是我国极为重要的历史文化遗产。毫无疑问，铜奔马是中国古代马文化的杰出代表，是中国天马的形象大使。一马当先，万马奔腾。武威市深度挖掘和广为传播中国马文化，责无旁贷，任重道远。

2017年1月，中共中央办公厅、国务院办公厅印发了《关于实施中华优秀传统文化传承发展工程的意见》。意见指出，中华优秀传统文化是中华民族生生不息、发展壮大的丰厚滋养，是中国特色社会主义植根的文化沃土，对延续和发展中华文明、促进人类文明进步有着重要的作用。传承发展中华优秀传统文化是全体中华儿女的共同责任。

2017年，武威市提出努力打造文化旅游名城的总体思路，紧紧围绕研究阐发、教育普及、保护传承、创新发展、传播交流，以"弘扬凉州文化　传承丝路精神"为主旨，积极实施中华优秀传统文化传承发展工程，进一步激发中华优秀传统文化的生机与活力。其中，深入阐发中国马文化精髓是传承发展中华优秀传统文化的首要任务。武威市立足本地历史文化资源，邀请知名专家学者以铜奔马为标志和旗帜，深度挖掘、归纳、引领中国马文化的研究和普及，发掘中国马文化的历史渊源、发展脉络、基本走向、形态体系。在这一大背景下，大型历史文化丛书《中国马文化》应运而生。

丛书编委会邀请首届甘肃省文艺终身成就奖获得者、甘肃省文史研究馆研究员刘炘担任主编；聘请热心于中国马文化研究与传播、具有相当写作实力的作家姬广武、张成荣、柯英、寇克英、王东、王万平、王志豪、赵开山、孙海芳、崔星、徐永盛和王琦，完成了《中国马文化·驯养卷》《中国马文化·役使卷》《中国马文化·驰骋卷》《中国马文化·马政卷》《中国马文化·交流卷》《中国马文化·神骏卷》《中国马文化·文学卷》《中国马文化·绘画卷》《中国马文化·雕塑卷》和《中国马文化·图腾卷》等10卷的撰写工作；邀请甘肃省文物考古研究所原副所长、甘肃省古籍保护中心专家委员会委员、甘肃省政府发展研究中心特约研究员边强，西北师范大学敦煌学研究所所长、博士生导师、甘肃省文史研究馆研究员李并成，敦煌研究院历史文献研究所原所长、研究员、甘肃省文史研究馆馆员李正宇，甘肃农业大学草业学院原院长、教授、博士生导师胡自治，甘肃省文史研究馆研究员刘可通，兰州大学中文系原主任、甘肃省文联原副主席、甘肃省文史研究馆馆员张文轩，西北民族大学西北民族问题研究中心主任、历史文化学院教授、博士生导师尹伟先，中国农业历史学会理事、甘肃农业大学农史与农耕文化研究所所长、研究员胡云安，甘肃省档案馆《档案》杂志原主编姜洪源，甘肃农业大学草业学院教授、硕士生导师汪玺等多位在文物考古、文史研究、民族风俗、畜牧养马等方面治学严谨、颇有造诣的专家学者担任学术审定。还聘请了一批编辑、画家、摄影师和技术人员参与其中。

中国马文化内涵丰富，源远流长。参与编撰的历史文化学者坚持正确的历史观、文化观和学术观，以有史可鉴的传世典籍、出土文物和传说故事等为依据，融系统性、知识性、文献性、可读性于一体，有史料，有载体，有故事，有观点，形成了丛书忠于事实、显于学术，长于普及、交流互鉴、开放包容的丰厚承载量和严谨的学术依据、通俗的语言解读、引人入胜的视觉冲击等鲜明特点，实现了对中国马文化深入阐发的创造性转化和创新性发展，赋予中国马文化以新的表达形式和人文内涵。

万马奔腾，华夏强盛。万载永续，龙马精神。

知马知史，爱马爱国，以龙马精神，在中华民族伟大复兴的征程上，在"一带一路"擘画的伟大蓝图上，华夏儿女将继承天马追风奔月、勇往直前的雄姿和气势，传承奋发向上、豪迈进取、和谐团结、包容创新的自信和勇气，开始更远的征程，更快的奔跑，以达辉煌之期颐。

武威市《中国马文化》丛书编辑委员会

二〇一九年三月

序

面对中国几千年文明发展史，当我们审视人的能量时，也许会忽视一个重要因素：一个给国人力量的伟大物种，那就是马。

当我们用这一视角审视历史时，就会发现：马与我们的先民、马与社会生产力的发展、马与军事力量的博弈、马与历史兴衰的进程，有着千丝万缕的联系。我由此心生感慨：

马，始终伴随着前人，参与了几千年波澜壮阔的时代嬗变，直接或间接地影响和决定了中国历史的走向。

马之本身，是中华民族历史发展不可忽略的角色。

马之文化，是中华优秀传统文化不可或缺的构成。

马之精神，是中华民族意识深层的一种情愫、一缕精魂。

如果说没有马人类的历史会被重写有点夸张的话，那么没有马中国历史肯定会是另一个样子，则将毫无疑问。

一、马是中国历史发展的特殊动力

马作为一种草食性哺乳类动物，早在四五千年前即被我们的先民驯养、驾驭。在人类役使的动物中，马与人类心意相通，最通人性，人马之间感情深厚，马是人类忠实的伙伴。在人类文明的演进中，马成为人类行旅代步、农牧生产、交通运输、邮驿传递和战争博弈等的重要动力，同时，马也对中华文明的形成和发展发挥了极为重要的作用。

在战乱频仍的古代中国，马始终是一大战略要素，代表着交战双方的军事实力。大国的军事霸权与小国的俯首称臣，也与以马的多寡有关。居于草原地带的游牧民族，依仗天然草原资源，有着天然的养马优势。他们人人精于骑射，个个骁勇善战。他们的骑兵速度快，战斗力强，其部落本身就如同一个移动的准军事组织。这对以步兵为主的中原历代农耕政权形成了巨大的军事威胁。只要看看春秋战国、秦汉政权受到北方匈奴等游牧民族的不断侵扰；看看唐代面临突厥、吐蕃政权的南北夹击，丝绸之路曾一度被中断；看看宋代受到辽、金、西夏、蒙古等政权的不断挤压，甚至帝王被俘和偏居一隅；就会明白，中原农耕政权边患不断，被动挨打；无奈地构筑长城防御工事；或被迫实行联姻亲善的策略，某种程度上说是基于双方马力的悬殊。中原历代政权都注意汲取游牧民族之长，重视马的牧养，制定马政，发展马业，专设马市，不断对马进行品种改良，增强马的军事武装。因此，一部中国史也是中华各民族之间，中国与周边国家之间马的交流史、发展史、优化史，各民族共同推动了我国马文化的发展，积淀了丰厚的马文化历史遗产。

二、中国马文化的内涵

文化是民族的血脉，是人民的精神依托。

一般认为，文化是相对于经济、政治而言的人类创造的全部精神和物质的总和。文化是凝结在物质之中又游离于物质之外的，国家或民族的历史观念、地缘情结、风土人情、传统习俗、生活方式、宗教信仰、文学艺术、行为规范、思维方式、价值观念、审美情趣等。

笔者认为，中国马文化是我国各民族在长期的社会生活实践中创造出来的与马有关的物质成果和精神成果的总和，包括各民族在马的牧养、驯化、繁衍，以及役使、征战、娱乐等过程中，积累的对马的认识、牧养驯化经验、役使技能、文字著述，以及由此制定的关于马的政策法令；包括在驾驭马为人类服务的过程中发明的马具、饰物、车辆、武器等各种工具装备；还有在生活、生产实践中对马的情感寄托，进而转化为审美领域里崇尚马、赞美马、颂扬马的文学艺术作品，风俗节庆、赛事活动等。它们共同构成了精彩纷呈的马的物质文化、严谨周详的制度文化和深沉浑厚的精神文化。

中国马文化，是中华民族优秀传统文化中重要的组成部分。中华优秀传统文化如果抽去马文化，将会大为逊色。因此，马文化是中华优秀传统文化中非常值得发掘整理的优秀遗产。

在探析马的文化形态之前，笔者认为有必要对马文化的含义做相应的解析说明：

其一，文化是人类社会特有的现象。马文化就是在人类与马长期的互动关系中产生的。

其二，人类是创造马文化的主体。马文化的各种形态，是人类与马的相互作用中智慧的凝结与表现。

其三，当马没有与人类发生作用时，马只是自然的物种，是人赋予了马文化意义。

其四，人类创造了马文化，能使主体客体化，也使客体的马主体化。

主体客体化，就是说人通过实践活动，使人的本质力量向客体的马进行渗透和转化。当人把马与马具、驾驭技术和车辆等器具结合在一起时，就把人的意志转化、传递到马的身上，使马发挥了更为先进、更为强大的生产、运输、作战能力。客体主体化，是说客体的马，当它从自然界中的一个物种，转化为人所驱使的重要载体时，此时的客体马，已经不仅仅再是自然的马，而是"人化了的自然"，承载着驾驭者的诉求，是人类意志的延伸物。

三、中国马文化的形态体系

形态，简单说，就是事物的样子，是可感可知、可以揣摩的自然存在与情感意识。

文化形态不论以何种表现形式出现，都能从主观和客观两个方面综合反映出来。从主观上讲，文化是一种精神价值体系，是社会现实的价值评判标准；从客观上讲，文化又是社会生活的具体存在方式。马文化所包含的内容和涵盖面时空浩大，既有历史长度又有地域广度，还有专属厚度。经过梳理，笔者以为中国马文化的形态可概括为以下八个方面：

一是我国古代各民族在驯养、控驭马的过程中积累形成的认识、经验、技能和成果。其文化形态主要表现为关于马的自然存在、形体生理、生活习性、繁衍培育，以及我国家马的起源、种群分布、品质特点、驯化繁育、疾病疫情防治的有关文献记载等。如人文始祖轩辕创制车马的传说、春秋时代孙阳（伯乐）《伯乐相马经》的出土、马王堆帛书《相马经·大光破章》的破译、汉代马援《相马骨法》的记载、十六国北燕木芯马镫的发现，敦煌302窟《钉马掌图》蹄铁技术的展示，以及在驯服马的过程中形成的马术、马球、舞马、走马、赛马等体育娱乐技能。

二是我国古代各民族在驾驭、役使马的实践中所创造出来的各种器具装备等。包括人类发明的马镫、马衔、马镳、马鞍、蹄铁、鞍鞯、马胄等各种马具，装饰美化马的当卢、马冠、杏叶、节约、寄生等各种饰品，保护马匹的马面、马胸等各种防护装备；还有各种以马为动力的导车、斧车、柴车、传车、帆车、缁车、轻车、轺车、戎车等历代各式车辆。

三是我国古代各统治力量把马运用于战争的军事思想、战略战术理念和由此发明的兵器装备等。

秦汉以来，"马者，甲兵之本，国之大用"的认识成为中原王朝维护政权的重要理念，也是历代制定马政的思想基础。其形态包括以战马为武装主力的军事思想、战略战术，骑兵军阵、战车武备的功能特点、样式作用以及各类防护器具、配套兵器等，还有我国历代以马为主力的征战所留下的成功经验和失败教训，也是马文化在军事方面的重要遗产。

四是我国历代王朝制定实施的马政。

马政，是我国历代王朝律令的重要组成部分。朝廷设置有专门的马业管理机构，制定颁布有一系列发展马业、改良马种、开展交易、壮大骑兵的政策法令、旨要规章。如周代有车驾制度、马匹买卖规定，秦代有厩苑令、卤簿制度，汉代有禁马出关查验制度，唐代有马匹管理机构，宋代有牲畜注籍制度、"券马"制度，西夏有马匹校检制度，辽代有群牧使司制度，明代有俵马制度和清代有牧场考成制度等。

五是我国历代王朝为提高马的种群品质和牧养规模所采取的各种交流举措和交易途径。

丝绸之路不仅是丝绸贸易之路、玉帛交流之路，更是茶叶与马匹的互市之路。各地域民族间的经济文化交流史，也是良马的交流史、引进史、培育史。马的体质有异，功能不同，既有驾车乘骑之利，亦有上阵征战之功，各有所专。对马的需要数量有别，国家之间、民族之间、区域之间，通过马的引进改良和互市贸易，以及战争掠夺和俘获，或者朝贡馈赠等途径，促使马这一物种极富社会性。为此发生的历史事件不断，如唐朝与吐谷浑开辟赤岭马市，契丹马入贡中原，雅安茶马交易点的设立，吐蕃贡马与宋朝的封赐，大理国与南宋间的马匹交易等。

六是我国各民族在长期的人马关系中形成的亲密深厚的人马情思。

在人与马的长期相伴中，人与马结下了特殊的情谊，在全社会形成了喜爱马、崇尚马、赞美马的文化氛围。英雄的名字与神骏宝马总是如影随形，每一匹著名战马的背后，都带有浓郁的英雄主义色彩。历史上相马、用马、爱马的名人故事及著作可谓汗牛充栋、人马并重、闻名古今。如善于养马的秦非子，善于驾驭马车的造父，善于识马的伯乐、九方皋。项羽的"乌骓"马，吕布的"追风赤兔"，秦良玉的"桃花马"，郭子仪的"九花虬"等。另外，还有齐桓公与"戏马台"、马援与"白马井"、杨延昭与"晾马台"、辛弃疾与"斩马亭"、文天祥与"义马墓"、陈连升与"节马碑"等脍炙人口的故事。

七是我国历代文人骚客、书画艺匠所创作的崇尚马、赞美马、颂扬马的文艺作品。

古代人马之间的情谊融入了历史文化，也深深影响着中国文化艺术。马成为文学诗歌、绘画雕塑、歌舞戏剧等文艺形式中最具人文精神的主题。

在诗词中，有赞美、描写马的《诗经》《楚辞》，汉武帝有《天马歌》《西极天马歌》；南朝王僧孺有《白马篇》；唐代白居易有《钱塘湖春行》，韦庄有《代书寄马》，张说有《舞马千秋万岁乐府词》；宋代辛弃疾有《破阵子》词；元代马致远有《天净沙》散曲，真是难以尽述。

在历代绘画作品中，马也占有一席之地，留存了大量形象生动、技法精湛的马绘画作品，不少都是国宝级文物。魏晋顾恺之的《洛神赋》、隋代展子虔的《游春图》、唐代韦偃的《双骑图》、唐代韩幹的《照夜白图》、五代李赞华的《东丹王出行图》、南宋龚开的《骏骨图》、元代陈及之的《便桥会盟图》、明代仇英的《秋原猎骑图》、清代郎世宁的《百骏图》等，都留下了神骏的形象。

古代以马为表现对象的各类材质的雕塑雕刻艺术品，也蔚为大观、精彩纷呈。甘肃武威东汉铜奔马、四川绵阳双包山汉代漆木骑马俑、云南晋宁汉代青铜四牛鎏金骑士贮贝器、青海玉雕卧马、新疆阿合奇库兰萨日克金奔马饰、河北磁县东魏茹茹公主墓陶马、陕西乾县懿德太子墓唐三彩三花马等，都荣列国宝级出土文物之最，闻名遐迩。

八是历史上我国各地区族群在人马情基础上所衍生转化的以马为崇拜对象的图腾崇拜、风俗节庆和赛事娱乐活动。

马，很早就被当作神物，内化于人们的意识中，形成远古先民崇拜的图腾符号。先民们从识马、驯马、牧马、乘马、役马、驭马、市马、饰马到娱马，引发写马、画马、雕马、塑马的同时，还衍生出马在丧葬、陪殉祭祀等习俗中的功用，后逐渐演变为各种民俗节庆祭祀歌舞活动。各地马神、马王庙（殿）的信仰祭奠；竹马社火的流传，马褂的穿着，马钱的流通，马戏的演出，赛马的举办，这些无一不是马文化的孑遗。

四、中国马文化的具象阐释

"马文化"也许是改革开放以来才提出的一个新的概念，它源于各地对历史文化遗产的重新认识和发掘。伴随着大量与马相关文物的出土，我们不得不回望历史，原来陪伴我们数千年的马虽然在现代生活中逐渐淡出人们生活的视野，却在历史的尘封中为我们展现出曾经厚重的文化积淀。

这些年来，中国马文化的研究日渐深入，在不同领域专家的辛勤耕耘下，佳作迭出，成果喜人，但限于区域性和局部性，难免有些零星分散，总觉得尚需对其做一个较为全面系统的梳理，形成包罗众多元素而自成体系的汇总之作，真实地再现中国马文化的博大精深和辉煌璀璨。于是，终于有了一个可以发掘搜集、整理编撰马文化丛书的机会。

2017年，武威市委、市政府认真贯彻落实中共中央办公厅、国务院办公厅印发的《关于实施中华优秀传统文化传承发展工程的意见》。为抓住这一契机，武威市率先以本地出土的中国马文化的杰作、中国旅游标志——铜奔马为引首，积极组织专家学者举办马文化论坛、梳理中国马文化遗产遗存，并决定编撰出版大型历史文化丛书《中国马文化》。这对挖掘整理、弘扬承传我国优秀传统文化，进而揭示马在中华民族历史上所产生的精神文化价值具有积极的现实意义，必将成为一项重要的文化建设。

有幸作为主编，我十分珍惜这一难得的机遇。在全面发掘、梳理马文化形态的基础上，我们经过广泛征求意见，形成基本共识。后来，我带领团队，分赴全国各地博物馆、图书馆、马文化遗址，进行了实地考察学习、资料搜集和马文化形态的挖掘工作。

在丛书的学术定位上，我们立足于严谨的科学考证与通俗解读相结合，既可作为普及读物，也可为进一步的学术研究提供线索和依据。为此，我们特别注重严谨的学术考证、具象的文物范例、通俗的叙述表达、直观的视觉感受，以争取为读者提供最大的信息量。为此每卷的内容既成系列，又单独成篇，力争图文并茂，注意知识性、趣味性和学术性相结合，以简洁通俗的语言向读者讲述马的故事，使尘封的文物古迹能够鲜活起来。

在丛书的编撰框架上，我们经过系统分类，以清末为限将中国马文化按形态体系和结构篇章分为十卷推出，分别为《中国马文化·驯养卷》《中国马文化·役使卷》《中国马文化·驰骋卷》《中国马文化·马政卷》《中国马文化·交流卷》《中国马文化·神骏卷》《中国马文化·文学卷》《中国马文化·绘画卷》《中国马文化·雕塑卷》和《中国马文化·图腾卷》，以期能够全面系统地向读者展示这一丰厚的文化遗产。

在团队组织上，我们注意吸纳热心于马文化研究的优秀专家学者、作家、编辑、绘画摄影家等作为组稿成员，组成了认真高效的工作团队，强强联合，取长补短，保证了编撰工作有条不紊地按计划进行。

这部丛书的编撰，我们犹觉欣慰的是，通过查阅古籍资料、现场考察遗址，借鉴学术成果，采用较为通俗的叙述方式，对中国马文化做一次全面系统的梳理和提升，正是让学术研究走近普通读者，让历史文化贴近时代生活，服务于优秀历史文化遗产开发传承的一次有益尝试。

我们期望通过这次系统梳理集成，一是希望解决中国马文化资料的散失纷乱问题。通过创作团队不遗余力的史海钩沉，我们用 600 篇文章、2500 多幅图片，使各个历史时期的马文化资料、各个地域的马文化资料、不同民族的马文化资料，得以尽收囊中。二是希望通过各种形态的分类，从微观上和宏观上提供不同知识层次、不同知识领域、不同知识需求者，能够提供认识研究马文化的专业需求问题。三是希望中国马文化的编撰是一次对中国马文化研究的助力，期待有缘者能从中找到新时代有益的文化资源，并将其转化为有形产品，以满足新时代的文化需求。四是希望在中国传统文化的沃土里能发掘一粒丰满的种子，使每位读者的阅读都是对它的滋养，从而了解马对中华文明发展的贡献，让龙马精神得以延续、传承。

衷心感谢为此付出心血的编委会成员、执笔撰稿的作家、审定文稿的学者、为丛书创作提供图片的画家和摄影家、各位编辑和技术人员，感谢各位马文化研究的前辈们，为我们提供资料信息的文物博物馆的同志们！

中国马文化博大精深，十卷本的丛书仅揭示其一角，缺憾偏颇之处在所难免，但作为初次尝试，唯望读者与专家学人批评指正。衷心希望广大读者能通过阅读本套丛书，产生对中国马文化历史遗产的兴趣。

如此，则是我们最大的期待！

刘　炘

二〇一九年三月十五日

目 录

引言　　　　　　　　　　　　　　　　　　　　　　　　　　　　001

中亚骏马来阴山——内蒙古阴山新石器时代岩画《牧马图》　　　003

草原牧马到东土——河南洛阳偃师二里头遗址马遗骨　　　　　009

频向殷都入贡马——河南安阳殷墟花东H3甲骨文　　　　　　014

战车奔驰马萧萧——河南安阳殷墟小屯40号墓马车　　　　　019

西戎马献周孝王——《竹书纪年》　　　　　　　　　　　　　024

周天子爱马成癖——陕西眉县西李村周代"盠驹尊"　　　　　030

秦俑陶马河曲种——陕西临潼秦始皇陵兵马俑坑陶马　　　　036

马背武士说匈奴——汉匈奴人武士骑马铜像　　　　　　　　042

弱水河畔走胡马——甘肃金塔县汉代肩水金关遗址　　　　　048

对侧步稳浩门马——青海"花儿"里的浩门马　　　　　　　054

南朝战马出北方——江苏南京市博物馆南朝石马　　　　　　059

北朝骏马多流转——甘肃敦煌莫高窟249窟西魏壁画《猎人射虎图》　065

因马西来因马兴——吐谷浑与青海骢　　　　　　　　　　　070

吐谷浑马献中原——青海共和县魏晋南北朝伏俟城遗址　　　076

回鹘有马舞长安——《旧唐书·回纥传》　　　　　　　　　　082

茶马互市日月山——青海湟源日月山　　　　　　　　　　　087

贡马来自渤海国——黑龙江省博物馆藏唐代《渤海国骑马铜人》　092

唐马出土于吐鲁番——新疆吐鲁番阿斯塔那唐墓鞍马俑　　　098

奚族良马献大唐——北京房山《唐归义王李府君夫人清河张氏墓志》　103

契丹群牧马繁盛——故宫博物院藏五代《卓歇图》　　　　　109

安多北宋易茶马——甘肃天水麦积山石窟东崖26窟北周时期王韶奏折　115

五花马自于阗来——北宋李公麟《五马图》之"凤头骢""满川花"　120

交
流
卷

西域花马产于阗——伦敦大英博物馆藏《于阗人骑马祈福彩绘木匾画》 126

青唐良马数河湟——甘肃夏河县甘加乡北宋"雍仲卡尔"古城 132

吐蕃贡马锦膊骢——北宋李公麟《五马图》之"锦膊骢" 137

宋辽易马在雄州——河北保定雄州榷场 143

吴挺铁骑抗金兵——甘肃成县《吴挺碑》 149

横山买马有山寨——广西田东县宋代横山寨遗址 156

赛马大理为选贡——云南大理三月街"赛马会" 162

广马溯源自杞国——云南泸西金马镇爵册村 168

名山川茶多博马——四川名山宋代茶马司遗址 174

栈道驿路走纲马——甘肃舟曲石门沟古栈道 180

蒙古铁骑镇欧亚——北京耶律铸墓出土汉白玉石马 187

贵阳马场有崖画——贵州贵阳市花溪区元代金山洞崖画 193

天马西来佛郎国——元代周朗《佛郎国贡马图》 199

高丽马贩在大都——元末明初高丽汉语教材《原本老乞大》 204

茶马古道望子关——甘肃康县明代"察院明文"碑 210

蒙汉易马得胜堡——山西大同明代得胜堡遗址 216

巡茶察院在徽州——甘肃徽县榆树乡火站村 223

金牌纳马存告示——青海省档案馆藏明代"拒虏纳马"告示 229

洮州马市在卫城——甘肃临潭县新城镇明代洮州卫城遗址 235

茶马互市团山堡——辽宁北镇市明代团山堡遗址 241

清水营是易马场——宁夏灵武明代清水营堡 247

画马石崖在宜州——广西宜州画马崖岩壁画 253

皇家马厂太仆寺——内蒙古自治区太仆寺旗 259

故宫马队上驷院——北京故宫上驷院衙门 265

绿营牧场巴里坤——清代新疆巴里坤绿营兵城 271

庄浪茶马互市碑——甘肃省永登县清代《重修庄浪茶马厅衙府碑记》 277

川茶易马始雅安——四川天全县清代边茶仓库 283

山间铃响马帮来——云南丽江束河茶马古道博物馆 289

参考文献 295

后记 299

引 言

从遥远的古代开始，生活在中国大地的游牧民族和农耕民族就已经开始进行产品交换：游牧民族以其蓄养的马、牛、羊、驼及皮、毛等畜产品交换农耕民族种植的粮、棉、茶等农产品，开始了最早的物资和文化交流，其中马的东进和南下成为这种交流中浓墨重彩的一笔。据现有的出土文物证实，夏商周时期，西北游牧民族培育的马就传入内地，从此中原进入了"车辚辚，马萧萧"的时代。在随后的春秋战国时代的群雄争霸中，骁骑和战车成为角逐胜负的决定性因素。

秦汉以降，马的交流在范围、种群、渠道和规模上都不断扩大增加，中原王朝通过战争、朝贡、贸易等形式从边疆游牧民族那里获得自己需要的良马，而游牧民族也通过马的交流获得了生存所需的粮茶、丝绢布帛等物资。史载，汉武帝为了得到"天马"，发动了对大宛的战争；由于乌孙王"赠马千匹"，汉武帝不仅遣刘细君公主，远嫁乌孙王昆莫，而且以大量的"绢"作嫁妆，正式拉开了"马绢贸易"的序幕。此后，绢马贸易一直是中原王朝和游牧民族经济交流的方式之一。

到了唐朝，产于南方的茶叶，在中原王朝与边疆民族之间的茶马贸易中发挥了重要的作用。唐开元十九年（731年），生活在青藏高原的吐蕃向唐提出茶马互市的请求，双方在赤岭（今青海日月山一带）以茶易马；唐德宗建中（780—783）年间，常鲁公出使吐蕃，发现赞普牙帐中已有产自寿州、舒州、顾渚、蕲门、昌明、邕湖等地的名茶。除了吐蕃之外，在安史之乱（755—763）后，唐与回鹘之间也开始了"茶马互市"，回鹘"大驱名马，市茶而归"。回鹘、吐蕃至内地或者边界以马易茶，丰富了游牧民族与农耕民族经济交流的新内容。

到了宋代，马的交流更加频繁，茶马互市更加兴盛。主要原因是自唐代茶叶传入吐蕃以后，"夷人不可一日无茶以生"，而宋廷立国中原，缺马问题严重，北方相继出现的辽、金、西夏政权长期与宋对立、争战。为了取得足够数量的马匹以加强抗击对方的军事进攻，北宋前期先在成都、秦州各置榷茶、买马司，派官"入蜀经画买茶，于秦凤、熙河博马"，后又在成都设都大提举茶马司，专门掌管川茶贸易马匹。到了南宋，朝廷偏安江南，为稳固政局、抗击金兵，在阶州、文州、西和州、黎州等地设立马市以茶换取吐蕃马，后又从邕州横山寨购买大理马。

元代曾"榷成都茶"，并在大都和甘肃陇西设专卖局，但其疆域辽阔，蒙古人本来以游牧为生，新中国成立之初就在全国各地设立马厂，马源充足，所以茶马贸易并不兴盛。

但到明代，茶马贸易却备受倚重。明王朝为获取战马，达到"以茶驭边"的目的，由政府垄断茶叶经营，控制茶马交易，专设秦州、河州、西宁、洮州、雅州、碉门、甘州等茶马司。大量的茶叶经西北(甘青)、西南(川藏、滇藏)茶马古道源源不断运入藏区，以换取产于藏区等边地的大批马匹。

延至清代，由于统治者本系游牧民族，所以特别重视马政，不仅建立了属于皇室的太仆寺、上驷院马场，并且八旗和各地绿营都设立了马场，不再通过交易方式获取马匹，茶马贸易遂逐渐衰落。到了清代中期以后，朝廷组织的茶马互市基本停止，但民间的茶马交换一直延续到新中国成立。

今天，"绢马贸易""茶马贸易"已经不再是农牧业交流的主要方式，但是透过岁月的迷雾，我们仍然依稀能看到"朝驱东道尘恒灭，暮到河源日未阑"的场景，能听到"曾经伯乐识长鸣""临卖回头嘶一声"的余音。农、牧民族也在经济文化交流中浑然一体，一个大一统的共和国已成为各民族相互依存的整体。马虽然已退出历史舞台，但在两千年来的历史嬗变中，其所背负的经济文化交流之功却已载入史册，成为我们今天最值得回味的文化遗产。

中亚骏马来阴山

——内蒙古阴山新石器时代岩画《牧马图》

白云边，阴山下。1500多年前的一天，一位历尽沧桑的行者从草原深处走来。行至狼山脚下，他忽然惊异地发现山边的岩石上刻着许多形态各异的图画。他在这里进行了细致广泛的考察，然后郑重地写进了他的著作《水经注》里："河水又东北历石崖山西，去北地五百里。山石之上，自然有文，尽若虎马之状，粲然成著，类似图焉，故亦谓之画石山也。"这位行者就是我国

▼阴山山脉横亘在内蒙古自治区中部，是我国重要的地理分界线，也是游牧民族的栖息地

北魏著名的地理学家郦道元，他发现的就是我国最大的岩画宝库——阴山岩画，他的记载也是世界上对阴山岩画最早的记载。

在这些阴山岩画中，引起我们极大兴趣的是马的形象在其中大量出现。面对先民们刻画下的这些大地精灵，我们禁不住会问：这些马是当地土生的吗？如果是，证据是什么？如果不是，这些马又是从哪里来的呢？

一

阴山岩画是中国迄今发现的最早的岩画之一。阴山岩画内容丰富，涉及行猎、放牧、车辆、征战、舞蹈、生殖、天体、动物等，其中，以反映游牧民族狩猎活动的岩画为主。岩画中数量最多是动物。岩画中的动物有山羊、盘羊、岩羊、大角鹿、麋鹿、驼鹿、狍子、马、驴、驼、牛、狗、野猪、兔、狐狸、蛇、狼、虎、豹等。岩画中有骑马狩猎图，骑在马上的猎手或引弓射猎，或围捕野兽，反映出当地先民已经利用马作为重要的狩猎伙伴来获取猎物。岩画中放牧图数量很多，有出牧图、转场图、牧马图等，这些放牧方式在今日的内蒙古草原仍然比较流行。

广西民族学院林琳教授在《论秦代以前中华民族的马文化》一文中称，阴山岩画作画年代的上限不晚于新石器时代早期。阴山岩画中动物图、行猎放牧图、车辆图、征战图等，都充分体现了远古北方游牧民族的马文化。张文静在《阴山岩画的类型与分布》中，对阴山岩画的部分地区进行了抽样研究。

▼阴山岩画《骑马围猎图》——画面上骑在马上的猎人成扇形围住一群野山羊，惊慌失措的野山羊向一个方向奔逃，气氛热烈紧张

在抽取的狼山1355幅岩画中，其中放牧图有118幅，动物岩画有578幅，狩猎岩画有170幅，车辆岩画6幅。这4种类型的岩画合计872幅，占比64.6%，马在其中经常出现。也就是说，距今约1万年前，蒙古草原

上的先民们面对着蓝天白云、百兽腾跃，就开始情不自禁地在岩石上刻画自己的生活场景。研究表明，在距今五六千年的阴山岩画中，绝大多数的马已经不是以被狩猎对象的野马的形象出现，而是成了当地先民的骑乘工具。我们现在无法从科学的角度，证明这些

▲内蒙古阿拉善左旗银根苏木汉代岩画《迁徙图》。画面绘有骑者和马、羊等家畜，骑者与动物头向一致，结伴而行，似在迁徙途中

马就是被驯化的家马。因为从生物学的角度讲，家马的胫骨比野马的胫骨更薄、更优美。但在被驯化的最初阶段，家马与野马不论在外形还是骨骼发育上都非常接近，难以鉴别，这到目前为止仍是一个世界性难题。但从使用方式上，却可以从感性角度进行判断。由于从早期的阴山岩画看，大量的马匹已经成了当地先民的生产生活工具，所以可以说，大约在新石器时代，阴山一带的蒙古草原就已经有了家马。

阴山岩画刻画的时间跨度很大，从新石器时代一直延续到近代。在不同的历史时期，岩画表现的家马的主要使用方式也不同。早期骑乘，后来拉车，再后来随着马具的成熟，使用方式更加多元化。阴山岩画就是一部家马的使用发展史。

二

家马是由野马驯化而来。大多数学者认为两种野马——已经灭绝的鞑靼野马和现存的普热瓦尔斯基野马可能是家马的祖先。普热瓦尔斯基野马简称普氏野马，因1878年沙俄军官普热瓦尔斯基最早发现而命名。普氏野马原分布于新疆维吾尔自治区准噶尔盆地北塔山及甘肃、内蒙古自治区交界的马鬃山一带。20世纪60年代，蒙古国首先宣布境内野马灭绝。到20世纪70年

代，中国的普氏野马也基本宣布消失。20 世纪 80 年代末期以来，普氏野马从欧洲引回新疆维吾尔自治区、甘肃半散放养殖，为野马重返大自然而进行科学实验和研究工作。

既然新疆维吾尔自治区准噶尔盆地及甘肃、内蒙古自治区交界一带是普氏野马的原分布地，那么阴山岩画中出现的马是不是由普氏野马进化来的呢？如果被证实的话，内蒙古自治区草原地区就可能是独立的家马起源中心之一。但遗憾的是，从遗传学的角度看，普氏野马的染色体数目（66 条）比家马（64条）多两条，因此无法证明普氏野马是家马的祖先。也就是说，我国蒙古草原的家马并不是普氏野马的后裔，它们不是土生土长的，而是外来的。

那么，我国蒙古草原上的家马最早是从哪里来的呢？

三

基因研究将家马的最初驯化地点锁定在中亚草原。2012 年，《美国科学院学报》（PNAS）刊登了《欧亚大草原驯化马的起源与扩散之重建》一文。

▼曼德拉山岩画位于内蒙古阿拉善高原曼德拉苏木西南 14 公里的曼德拉山中，是世界上最古老的艺术珍品之一，其中有大量马的图案

这项研究由英国剑桥大学动物系Vera Warmuth负责，与英国、美国、中国、格鲁吉亚、俄罗斯、哈萨克斯坦等国的高校、博物馆和研究所的考古学者和家畜研究者共同合作，历时16年。研究人员以欧亚草原各地采集的300余匹当代家马毛发为样本，将

▲内蒙古阿拉善右旗孟根布拉格苏木曼德拉山西夏岩画中的牦牛形象

常染色体反映的遗传组成代入所建立的模型中进行计算。这项遗传学与数学结合的研究表明，家马野生祖先很可能在距今约16万年前从欧亚大陆东部开始扩散，并于6000年前最先在欧亚草原西部，即今哈萨克斯坦、俄罗斯西南、乌克兰所在的广袤大草原上被驯化。驯化马群在随后的传播中，反复与当地母野马杂交，从而形成各地的驯化马群。这一观点与此前的线粒体DNA、Y染色体DNA研究及考古证据相匹配。

北京大学考古学家李水城先生也表示：目前要说中国是另一个家马起源的中心，还不如说最初的家马是自中亚草原辗转而来更可靠些。他进一步分析说，诸多考古证据证实，中国最早并没有家马。中国的野马在历史上曾在西北等地有广泛分布。以猎取野马的皮毛和骨肉为目的的狩猎，早在旧石器时代就大量存在，不能看作是真正意义上的"养马、驯马和用马"历史的一部分。

无论从DNA分析的路径还是从动物考古的方法，以现有的证据，都无法证明中国是家马的起源地之一。所以，我国蒙古草原的家马或驯化马，最有可能来自中亚草原。我们可以为这些来自中亚草原的家马，还原一下当初它们来到蒙古草原的来路。一条最合理的途径是，这些中亚草原的早期驯

化家马，沿着辽阔的欧亚草原一路向东，一路留居。有一部分来到欧亚草原的东部，然后在这里定居繁衍，并为当地先民所用。当然，还有另一条可能的通道，那就是沿阿尔泰山以南，经过河西走廊，再往北到达蒙古草原的阴山一带。

阴山岩画中的马，每天都在蒙古草原的朔风中讲述着关于它们自己的故事。故事里讲着这些马遥远的故乡和它们路途中的不平凡经历。它们来自遥远的中亚草原，为了寻找梦想中的新家园，一路向东，跨越崇山峻岭，走过辽阔的戈壁滩，来到了蒙古草原这片美好的栖息地。在这里，它们注定要被卷入东方帝国的风风雨雨，和一个个伟大的时代联系在一起。

草原牧马到东土

——河南洛阳偃师二里头遗址马遗骨

《考古与文物》1997年第3期登载了北京大学王迅先生的一篇文章《二里头文化与中国古代文明》。王迅先生经过多年对二里头文化的研究，发现在洛阳偃师二里头文化遗存中有马的遗骨，而且认为这是经过驯养的家马所遗。这为我们苦苦追寻的夏朝的马文化提供了一点线索。我国"九五"重点科技攻关项目"夏商周断代工程"，确定了夏朝的存在。在随后我国"十五"重点科技攻关项目"中华文明探源

▼夏族是上古时期生活在黄河流域的一个部族，后来建立了中国历史上第一个奴隶制国家——夏朝

交流卷

工程"中，又确定二里头文化遗址就是夏朝的文化遗址。所以，二里头文化遗存中的马的遗骨，基本可以认定就是夏朝家马的遗骨。夏朝的家马是从哪里来的呢？根据考古发现和史书记载提供的线索，我们不得不将目光投向和夏朝接近的北方和西北草原地区。

一

二里头文化的分布区域比较接近我国北方和西北地区的游牧或半农半牧部族，所以理应较早地接受了来自北方和西北的某些文化影响。《考古学报》1957年第1期登载的《内蒙古自治区发现的细石器文化遗址》一文中，提到龙山时代（前2800—前2300）的包头转龙藏遗址中也发现了马的骨骼。从文化来源看，考古学界基本一致认为，龙山文化是二里头文化的主要来源，包头转龙藏遗址中的马遗骨和二里头遗址中的马遗骨应该存在渊源关系。从生态环境来看，今天我国的西北地区和今天的蒙古高原地区有着适合马匹生长的自然环境，当地的先民们有条件较早地对马进行驯养。北方地区的这种情况也与《左传》昭公四年晋司马侯所说的"冀之北土，马之所生"相符合。

从龙山文化包头转龙藏遗址至二里头文化时期发现的马的骨骼遗存年代与地理位置，我们可以约略看到马匹传播的大致路线。今天的蒙古草原和包括河西走廊在内的甘青地区可能是马传入中原的通道之一。

西北农业大学（今西北农林科技大学）的樊志民教授和赵越云博士，对新石器时代晚期至商以前我国中原地区马骨遗存做了全面研究，发现马的遗骨存量极少，甚至无法进行统计学意义上的量化分析。马是一种群居动物，它的生存和繁衍需要一定的种群数量。只有稳定的种群数量，才能保证马的生存和繁衍。夏朝由于历史久远，发现的文化遗址很少。从大家公认的夏朝的二里头文化遗址看，发现的生产生活器具主要是陶器、石器、骨器，青铜工具有刀、锛、凿等，目前还没有发现殉马，只发现了刻画有马的形象的陶器。这反映出我国夏朝时期中原地区饲养和使用家马的数量不多。

《新唐书·王求礼传》："自轩辕以来，服牛乘马，今辇以人负，则人代畜。"轩辕即黄帝，是传说中中原各族的共同祖先，服牛乘马就是驯服牛马以驾乘的意思。也就是说，从史籍记载看，黄帝时期就用马驾车了。唐朝的孔颖达也说："古者服牛乘马，马以驾车，不单骑也。"孔颖达也认为古人一般不骑马，主要乘坐用马驾的车子。这其中的主要原因是马鞍和马镫等马具在这个时候还没有出现，中原的人们无法适应在裸马上长时间、长距离骑行，更无法完成一些复杂的马上动作。所以说，虽然夏朝时期中原地区大量骑乘马匹没有得到史料的证明，但用于驾车的家马的使用是无可置疑的。

二

我们知道，家马最早是在中亚草原被驯化的，然后有一部分逐渐迁移到蒙古草原和包括今新疆维吾尔自治区在内的我国西部地区。这些地区主要位于夏朝的北方和西方，这里的家马的驯养和使用情况是什么样子呢？

猃狁、獯鬻等是夏朝时的古老部族，主要游牧于今陕西、甘肃与内蒙古自治区毗连地区。戎是古代西部地区少数民族的总称，夏殷时称戎狄族和犬戎族，或说夏殷有鬼戎、西戎等，主要分布于今黄河上游和陕西岐山一带，从事游牧业，逐水草而居。氐族主要分布于今甘肃、四川、陕西等地。狄族亦作"翟"，主要分布于今陕西、山西及河北省太行山东麓一带。鬼戎主要分布于今山西省中部一带。獂貊亦作貉貊、秽貊、追貊等，主要分布于今山西省东部一带。这些民族大都是游牧民族，饲养马匹是他们重要的生计手段之一。

此时的阴山一带的草原上，家马已经成为这里的人们生产和生活不可或缺的伙伴。在今天的内蒙古自治区黄河河套以北阴山山区乌拉特前、中、后旗及磴口县北境内，向东到二连浩特以东夏勒口草原，向西延伸至乌海桌子山区。在东西长

▼二里头遗址位于洛阳盆地东部的偃师市境内，其年代约为公元前1900至公元前1600年，初步被确认为夏代中晚期都城遗址，这个遗址发现了刻画有马的形象的陶器

交流卷

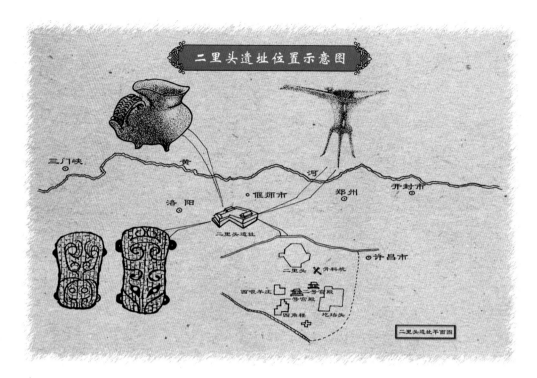

▲二里头遗址示意图

约300千米，宽约40—70千米的范围内，分布着数量庞大的岩画群。到目前为止，已发现的岩画有万幅之多。据专家考证，这些岩画就是猃狁、獯鬻，及后来的匈奴、突厥、蒙古等部族刻画的，是当时他们对自己日常生活的逼真的描绘。岩画中家马的形象大量出现，说明家马在他们的生活中已经占据了相当重要的内容。杨建新先生认为，猃狁、獯鬻等就是匈奴的前身。我们知道，匈奴形成于战国后期，非常善于养马、骑马，这和匈奴先民们早年就大量使用马有必然的关系。

三

夏朝北方和西方的家马有没有可能在这个时期大量流入中原地区呢？

史籍记载，前面所述的游牧部落与华夏地区在政治、经济及文化上都有密切联系。他们常把自己的良马作为贡品献给夏王朝，或者用自己的良马及其他牲畜产品换取华夏民族的粮食及其他农副产品。

《尚书·夏书·禹贡》记载，从夏朝的统治中心向外推，每服500里，把夏朝统治区划分为"甸服""侯服""绥服""要服""荒服"5个区域。中央王朝在不同地区征收不同的赋税、劳役，并采取不同的统治方式。当由夏朝的统治中心向外推到第四层和第五层"要服"和"荒服"时，就是蛮、夷、戎、狄了。

史书记载，蛮、夷、戎、狄都被认为是华夏族的远亲部落集体，所以被纳入夏朝的统治范围。他们地处偏远，经济、文化上落后于华夏族，夏朝对他们是"因其故俗而治之"，保留其内部原有的政治、经济结构不变。这些游牧民族常把自己的良马作为贡品献给夏王朝。这些部族由于居住的地区大都寒冷干燥，多草原、沙漠、森林，宜于牧业和狩猎，所以经济产品也主要是牛羊的肉、乳、皮、毛等，产品单一。中原地区则温暖湿润，宜于农耕，物产丰富。于是这些民族日常所需的粮食、布匹、金属工具和各种手工业品，都需要从中原换来，马就是交换的重要筹码。可以说，马从夏朝的时候，就已经充当了中原王朝和边疆各族的友好使者。贡品和产品交换的经常性，极大促进了马文化在中华各民族之间的相互交流、融合和发展。

我国北方和西北草原上的古代部族，栖息地广袤辽阔。很多地区水草丰美，气候凉爽，非常适宜驯养马匹。和他们临近的夏朝，从一开始就是一个以农耕为主的王朝。其统治中心也只以现在的河南为中心，包括山西南部、山东东部、湖北北部，疆域和后来的王朝相比并不辽阔。但由于农耕文明本身固有的稳定性和物产丰富的特点，夏王朝一开始就表现出了对周边部族的强大向心力。在游牧部族和中原地区互补性极强的交往和交流中，马由于其本身固有的经济价值和逐渐显现的军事价值，成了夏朝和边疆部族交流的重要内容。随着马在运输和战争中的作用不断被挖掘，马注定要在漫长的历史进程中担负起越来越重要的使命。

频向殷都入贡马

——河南安阳殷墟花东 H3 甲骨文

　　1991 年 10 月，中国社会科学院考古研究所安阳工作队在殷墟花园庄东地发掘了一座甲骨坑，编号为花东 H3。坑内出土甲骨 1583 片，上有刻辞的 689 片。其中，和马有关的记载占了一定的比例。花东 H3 甲骨文就像一个的古老数据硬盘，在被历史的尘埃湮没了 3000 多年后又重见天日。经过专家们的破译解读，我们在里面依稀看到了殷商时期车马的奔腾，听到了骏马的嘶鸣。

▼殷墟宫殿宗庙遗址位于河南安阳西北郊小屯村。这里是中国考古学的诞生地，全国重点文物保护单位

一

中国社会科学院考古研究所刘一曼和曹定云两位先生认为：东花H3墓地的主人是商王武丁的太子祖己，但祖己先武丁而死。研究发现，花东H3有关马内容的卜甲就有30多片（50多条卜辞），占H3刻辞卜甲总数的4.8%。内容涉及马匹的贡纳、征集；卜向马群的安全，是否有灾祸，会不会死亡；关于驾车用马的选择；祭祀、田猎的用马；卜向马群是否归来，等等。特别是关于第一项贡纳、征集马匹内容占卜的比重较大。

▲ 武丁时期的刻辞卜甲。殷墟花园庄东地3号墓出土的刻辞卜甲，对记事刻辞的研究和殷代卜甲的来源研究提供了宝贵的资料

花东H3甲骨文的记载反映出，殷商时期马匹在国家层面备受重视。反映在马匹的交流上，贡纳和征集是重要的途径。

花东H3甲骨文第三期的何组卜辞中有一条记载，专家解读后还原了这样一条信息：有一位宁地的官员，向商王进献了一匹赤色的马，这匹马性情顺服而不悍烈。由这条信息再联系其他卜辞可知，宁地产良马，从武丁时代开始，就向殷都入贡马匹，一直延续到殷代中期。丁山先生认为，宁是即是柠字。《汉书·地理志》所称梁国的柠秋县，可能即商代宁氏的故居。《大清一统志》记载："柠秋，在今砀山县东六十里。"清代砀山县即今安徽省砀山县。按此解释，宁地进献的那匹赤色马应该来自今天安徽一带。不管这种解释在学界的认可度有多大，它至少反映了商朝马匹来源的贡纳、征集途径。

商朝获得马的途径是多元的。除了贡纳和征集等途径外，还有战争、民间贸易、自己饲养等多种方式。

二

随着商朝对马匹数量需求的扩大，特别是战争、祭祀对马的需求，商朝必须多渠道获得马匹。其中，自己驯养马匹无疑是比较可靠的一个途径。

据史料记载，殷商始祖契，居于商（今河南商丘南）。商朝建立前商部族就是以游牧为主，商人的先祖就有几位是养马和用马的高手。《竹书纪年》中记载："商侯相土作乘马，遂迁于商丘。"这就是说：相土驯养马作为人们的运输工具，商部落因此迁到了商丘这个地方。可见在商朝建立之前，今天河南商丘一

▲殷墟小屯村甲骨卜辞中记载的妇好征兵的记录。妇好是商王武丁60多位妃嫔中的一位，生活在公元前12世纪前半叶武丁重整商王朝时期，是我国最早的女政治家和军事家

带应该是适于养马的。相土是殷商始祖契的孙子。传说这位相土是一位驯兽高手，他不仅善于驯马，还善于驯牛，甚至驯大象。还有一位商人的先公曹圉，曹圉是商人始祖契的五世孙。《说文解字》解释道："圉人，掌马者。"养马人称圉，应与用马圈养马有关，曹圉的得名也应当与他从事过养马的经历有关。

商朝建立以后，商王朝在全国各地设了许多牧场，进行牧场圈养马匹，并派专人负责。杨升南在《商代经济史》中说："（商王）牧场的设置是较多的，在地域上，遍于全国各地，就牧场所在地而言，有设在国之边鄙者……有设在商王的狩猎地……也有的设在农业地区。"设了牧场圈养马匹，就要安排人进行管理。据专家研究，殷墟甲骨文中出现的"马小臣""多马亚"等，就是专门管理马匹饲养的官员。

尽管自己驯养马匹，但由于数量不大，商朝的马匹和需求相比仍然显得不足，马的身价仍然很高。司马迁在《史记·殷本纪》中写道："帝纣……益收狗马奇物，充仞宫室。"这里说的是：商纣王多方搜集狗、马和其他珍奇的东西，填满了宫室。《史记·殷本纪》也有记载："西伯之臣闳夭之徒，求美女奇物善马以献纣，纣乃赦西伯。"西伯就是周文王。周部落为了救回被纣王囚禁的西伯而献好马，可见殷商时期马的价值是相当高的，是珍贵之物。

三

和边疆地区进行马匹交流，一直是中原王朝获得马匹的主要途径。殷墟甲骨文中多次有"马方""多马羌"的记载，说这些部落时常向商王朝贡骏马。"马方""多马羌"指的很可能就是以善于养马著称的北方部落。商朝的北方和西方生活着肃慎、鬼方、犬戎、獯鬻等部族，商朝和这些古代部族保持着经常性的马匹交流活动。

鬼方是夏商时居于我国西北方的游牧部落，主要活动在今山西北部以及我国西北地区，其势力西及陇山和渭水流域的广大地区。《汲冢周书》《易经》《山海经》《古本竹书纪年》《史记·殷本纪》和出土的《小盂鼎》及商周甲骨卜辞中对鬼方多有记载，其中就提到他们非常善于养马。李家崖文化发现于陕北清涧县，体现的文化称作"李家崖文化"或"鬼方文化"。有意义的是，李家崖遗址中还发现了青铜车马器，这表明李家崖文化的主人鬼方已经掌握了养马和驾车的技术。史籍记载，商王朝曾与鬼方作战，并俘获人与物若干，在战利品中就有马匹。昭明（相土的父亲，后文会提到）为商部落首领时，

▼河南安阳是甲骨文发现地，安阳殷墟是中国目前为止第一个有文献可考、为考古学和甲骨文所证实的都城遗址

The Cradle of Chinese Writing

交流卷

商部落主要活动地点在砥石(今河北石家庄以南、邢台以北)。这个地方与北方游牧民族为邻,非常有利于商和北方地区马匹的交流。

苏妲己,大家一定不陌生。在《封神演义》里,妲己被描写成千年狐精,受女娲之命来惑乱殷商。在她的魅惑下,纣王变得异常乖戾,做出了许多残忍无道的事情。最终,导致商朝灭亡。这毕竟是小说的演绎,不足为信。不过,历史上还真有苏妲己这个人物。史籍中对苏妲己的记载着墨甚少,也没有说她惑乱商朝。和苏妲己有关的记载,也为我们提供了商朝和边疆马匹交流的线索。据《左传》记载,公元前1047年,商纣王发动大军,攻击有苏部落。有苏部落抵挡不住强大的商军进攻,有苏部落首领向商朝屈服,献出牛羊、马匹及美女妲己。有苏,殷商时期部落名称,故址在今河北省沙河市西北。妲己,乃有苏氏部落之女,故称"苏妲己"。可能是因为有苏氏以三尾狐为图腾,故后人小说里附会妲己为狐妖所变。

殷墟甲骨文,为我们还原了商朝的很多信息,3000年前商朝马的使用和交流状况也通过甲骨文而逐渐变得清晰起来。商朝比夏朝的疆域扩大了很多,北至今天的辽宁,西达今天的陕西。商朝和周边部族交流的范围、内容和方式更加多元:在北方和西方,商朝与鬼方、犬戎、獯鬻等部族进行交流;在南方,商朝也时常收到如南方宁部落的贡纳。当然,商朝的属国,如西部的周部落等也会向中央贡纳。由于商代马匹对国家的政治和军事意义越来越重要,马匹就成为贡纳的重要内容。除了贡纳,商朝和周边边疆地区还出现了以马为主要商品的民间贸易。千年以后的唐朝开始的"茶马互市",选择马作为主要的贸易物,是有着悠长的历史渊源的。

战车奔驰马萧萧

——河南安阳殷墟小屯 40 号墓马车

  1936 年春天，冬雪消融，麦苗返青，殷墟的考古发掘继续进行。一天，高去寻先生在发掘小屯殷墟宫殿区基址南面时，发现了一处车马坑。墓坑南北走向，坑中有一车、两马、一人，这处车马坑被编号为 M40。研究证明，墓马坑中的马车造型美观、结构牢固、车体轻巧、重心平衡。可以说，制造技术

▼殷墟博物苑（馆）1987 年由河南安阳市政府兴建，集中展现了殷代王宫殿堂的布局与建筑，成为集考古、园林、古建、旅游为一体的胜地

已经非常成熟了。与其同时期发现的还有编号为 M20、M45、M202、M204 的其他四座车马坑,这四座车马坑也都是车马合葬坑。殷墟考古发掘的殷商墓马坑是华夏考古发现的畜力车最早的实物标本。家马的驯化被普遍认为最早在中亚草原一带,一般认为中国早期的家马也是来自中亚。那么,中国古代马车是否也是随着家马自中亚而来的呢?

—

关于中国古代马车来源的问题,学者们进行了长期的、广泛的研究和讨论,目前基本形成了两种关于中国古代马车来源的观点:"西来说"和"本土起源说"。

有学者认为,中国古代马车来自西亚和中欧。据学者郑若葵在文章《论中国古代马车的渊源》中的观点,科学发掘的最早的马车实物遗存,出现在幼发拉底河的下游地区,年代被推定为距今 4600 年—4500 年之间。中国社会科学院考古研究所所长王巍在《商代马车渊源蠡测》一文中,通过对两河

▼河南安阳郭家庄 160 号墓陪葬的两座车马坑,是墓主人"亚止"的陪葬车马坑

流域公元前 2000 年的双轮车与商代晚期的车子进行比较，认为两者在诸多方面有相似之处。学者龚缨晏的《车子的演进与传播——兼论中国古代马车的起源问题》一文认为，从中亚及蒙古地区发现的古代岩画，似乎也能看出西方马车向东方传播的历程。一直以来，我国考古界都没有发现商代以前车的实物遗存。而在殷墟遗址中却突然出现了大量的马车，并且基本都是先进成熟的战车。因此，这些学者认为殷墟战车有可能是直接或间接来源于西亚、中欧等地区。

▲夏管流爵为夏代晚期的青铜器，属于酒器，现收藏于上海博物馆

也有学者认为商朝马车起源于中国本土。从殷墟出土的马车的形制特征上来看，中国的马车与西亚地区的马车有很大区别。首先，西亚较早使用马车的赫梯人在公元前 20 世纪（约相当于中国夏朝初期），使用的是四轮马车。后来他们的战车改变为两轮车，而货车仍然是四轮马车。中国迄今发现的商代马车，无论战车、乘用车还是货车，都是两轮的。其次，在马车车厢结构上，商朝的车厢呈横长方形，中部设一个供上下车使用的门，这是我国古代马车所独有的设置。第三，从套马的方式看，西方普遍用的是颈套法，到公元前 10 世纪左右，才被胸套法所替代。中国一开始就采用独到的轭靷法，就是在木质马轭上缠上柔软的织物，然后套到马的肩部。这在当时是最科学、最先进的套马方法。所以说，中国的马车应该是起源于本土，并且一开始就水准很高。

二

殷墟遗址一期的甲骨卜辞中，记载了一个有趣的故事。一片甲骨上记载："甲午，王往逐兕，小臣载车马，硪驭王车，子央亦坠。"意思是说：甲午日，

▲早期先民打猎的场景

商王前往打猎追逐兕牛。一个叫作载的臣子的马车，和商王的车撞到了一起，结果商王和子央一起从车上掉了下来。这可以说是中国历史上最早的车祸记载了。

商朝时期，马车是不折不扣的奢侈品，不可能当作普通人日常的交通工具。从考古资料来看，我国古代马车首先应用于军事和祭祀中。《左传》中说："国之大事，在祀与戎。"马车当然要用在最重要的地方，所以军事应用放在首位。先秦时期，战车是当时最先进的军事装备，是判断各国军事实力和综合国力的重要指标，所以春秋战国时期各诸侯国都以战车的数量来计算国家的强弱。如形容一国的强大，往往称之为"千乘之国"。

祭祀当然也是国之大事，商王朝非常信仰鬼神和重视祭祀。大量的车马被用来殉葬和祭祀，河南安阳发现的殷墟车马坑都属于祭祀坑。

另外，据文献记载，古代大量田猎活动中也经常出现马车。这是因为古代是把田猎活动当成军事训练来看待的。战国时成书的军事著作《司马法》中说："好战必亡，忘战必危。"所以军事训练对保持和提高战斗力非常重要，通过田猎活动正好能够起到训练军队、检查战备的目的。所以在一定程度上说，古代的田猎活动就是军事活动。前文提到的商王的马车和臣子的马车相撞的事故，就是在一次田猎中，这件事也被郑重地记进了国家档案里。

三

古典文献中曾记载过一次大量战车参与作战的著名战役——牧野之战。牧野之战是公元前1046年周武王联军与商朝军队在牧野（今河南省淇县）进行的一次决战。《史记·周本纪》记载，武王九年，"东观兵，至于盟津（今河南孟津西北）"。但经过卜算，周武王认为"女未知天命，未可也"，"乃还师归"。后二年，周武王"闻纣昏乱暴虐滋甚，杀王子比干，囚箕子"。于是认为伐商时机成熟，"遂率戎车三百乘，虎贲三千人，甲士四万五千人，以东伐纣"。

武王军队渡过盟津之后，会合了庸、纑、彭、濮、蜀（今汉水流域）、羌、微（今渭水流域）、髳（今山西省平陆南）等部族，形成伐纣联军，实力大增。据《史记·周本纪》记载："誓已，诸侯兵会者车四千乘，陈师牧野。"牧野之战中，仅周人军队就有战车三百乘，伐纣联军战车总量更是达到了四千乘，可见战车在商末战场上已经成为重要的军事力量。

牧野之战是我国古代文献中记载的一次较早的车战，也是投入战车数目较多、规模较大的一次车战。在牧野之战前，商代后期战车虽已用于军事之中，但由于战车在马匹、兵器、人员等配备上的不完善，车战还没有成为主要的作战方式。商周之际，随着马匹数量的大量增加和马车质量的提高，战争中战车也越来越多地参与作战，其作战效果也越来越突出。至武王伐纣之时，车战已作为一种重要的作战方式在牧野之战出现。

不论中国古代马车来自西方还是起源于中国本土，可以确定的是，它在中国古代一直都在不断发展进步。考古发掘证实，商代后期的马车都是两马双轮，这在殷墟墓马坑中可以看到，主要作用也由运输发展到参与作战。西周时期的马车基本是四马两轮，速度比商代有了很大提高，这明显是为了适应战争的需要。到了春秋战国时期，马车更加成熟。武装起来的战车部队成为当时军队的主力，车战成为当时的主要作战方式，这一点我们在一些严肃的历史影视剧中也可以看到。战国中后期，经过赵武灵王胡服骑射改革，由于骑兵具有速度和灵活的优势，逐渐代替战车成为战争中的主力。汉朝时，特别是自汉武帝始，在汉军与匈奴角逐的战场上，骑兵成了战场上绝对的主力。当时汉朝军队的车辆主要是负责物资运输，车战也逐渐退出了历史舞台。但作为历史记忆，直到今天，我们还一直无法忘怀那个车辚辚马萧萧的时代。

西戎马献周孝王

——《竹书纪年》

马在西周时期就已经具有了重要的政治和军事意义。西周边疆的部族，尤其是西部和北部的边疆部族，向周天子献马是一种常见的和中原王朝保持良好关系的外交手段。3000 年前，西周和西戎就曾经围绕着献马演绎出一段曲折的故事。这个故事折射出了西周和边疆部族的关系，也反映了西戎权力中

▼拉市海茶马古道位于云南丽江城西面 8 公里处的拉市坝中部，这里保留了一段比较完整的茶马古道

心内部的角逐。它引起的连锁反应，甚至还影响了西周以后中国古代的历史进程。马在这个历史事件中，被推到了历史舞台的前台，并且无意间成了推动一段历史进程的主角。

一

这个故事记载在《竹书纪年》里，只有区区23个字："元年辛卯春正月，王即位，命申侯伐西戎。五年，西戎来献马。"文中记载的王是西周孝王。这条史料的大意是：周孝王即位之初，西戎遣使入朝，进献良马百匹。虽寥寥数语，但记载的却是一件对西周随后的历史走向产生重大影响的重要历史事件。

《竹书纪年》是一部编年体史书，成书时间在秦始皇焚书坑儒之前，对研究先秦史有很高的史料价

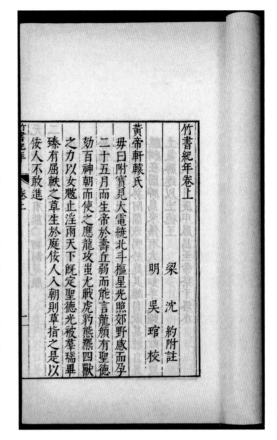

▲《竹书纪年》是一部编年体通史，对研究先秦史有很高的史料价值

值。但是，由于《竹书纪年》许多地方与《史记》差别极大，特别是价值取向也完全不同，所以一直备受争议。这些争议主要集中在王位承袭的正统与否上，在中原王朝和周边部族的关系记载上还是珍贵和可信的。《竹书纪年》中提到的这位周孝王是什么来历呢？

西周建立之初，为了国家的长治久安，避免王室内部争斗，所以就制定了嫡长子继承王位的制度。周王朝统治者基本都严格遵照此制度确定继承人。但在宗法制森严的西周，却出现了一位没有遵制而登上王位的君主——周孝王。由于是违背祖制而取得的王位，所以司马迁好像也有意回避，记载简略。《史记》对此只有简短的一句话："懿王崩，共王弟辟方立，是为孝王。孝王崩，诸侯复立懿王太子燮，是为夷王。"今人对周孝王继位详细信息主要来自

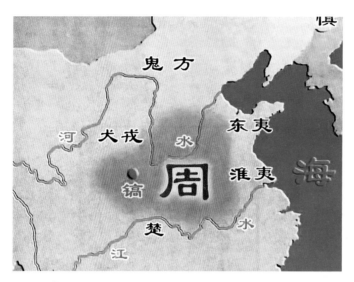

▲西周简图

于《竹书纪年》。

《竹书纪年》记载："（懿王）七年西戎侵镐，十三年翟人侵岐，十五年王自宗周迁于槐里。"周懿王之时周王朝国力衰落，导致宗周镐京备受戎狄威胁，被迫迁都。西周统治集团内部对周懿王无能、放弃故都镐京，心存不满。而周懿王的太子姬燮软弱无能，不能在危难之时重振周朝。最终周懿王的弟弟姬辟方凭借自身能力，成功夺得王位，是为周孝王。

从西周建立前到西周终结，周人都无法与西戎脱清关系。西戎的称谓最早来自于周代，古代居住在广义中原地区的人群自称华夏，把四方的各部落，称为"东夷、西戎、南蛮、北狄"。西戎则是古代华夏部落对西方诸部落的统称。《史记》记载，周人在古公亶父（周文王的祖父）以前，分布于泾水上游，与戎狄杂处。古公亶父不堪戎狄的攻掠，举部迁徙于周原。所以，周和西戎的矛盾是在西周建立前就有的。西周存续期间，不断通过和与战，与西戎相对峙。最后，西周也是亡于西戎的一支——犬戎。

二

周孝王元年（前891年），刚刚即位的周孝王不忘周朝遭受西戎入侵之辱，更重要的是要在国人面前树立自己的威信。于是命令申侯率军，兵分六路进攻西戎。申侯是中国（今河南南阳）国君。他虽然受命率军出征，但是他认为征讨西戎是不义之战，只能使两国的百姓和士兵遭受无谓的伤亡，给两国都造成巨大的损失。

于是，申侯向周孝王建议说："从前我的祖先娶郦山氏之女，生下一个女儿，嫁给西戎的胥轩为妻，后来生下一个儿子名叫中潏。中潏因为母亲的缘故归服周朝，使周朝西部的边境不受侵犯。现在我把女儿嫁给了中潏的后人大骆，生下嫡子成。如果大王能保证让我的外孙来继承大骆的国君之位，我族就能保证让西戎人顺服，使西周西部边境永远安宁。"周孝王问："如何才能保证你的外孙继承国君之位呢？"申侯说："只要大王不把非子放回西戎就可以了。"周孝王满口答应了申侯的要求。

于是申侯便出面与西戎讲和。西戎不但接受了申侯的调解，与西周息兵言和，并且表示此后永不侵犯西周边境。一场一触即发的战争就这样被申侯化解。随后，西戎遣使入朝，献良马百匹。周孝王十分高兴，重赏了来使，并回赠许多粮食和布匹等礼物。史籍还记载，这次西戎进献的100匹良马，大部分是母马，这为西周良种马匹的繁育提供了难得的基因资源。

这次战争危机被申侯如此轻易地化解，西戎还献马百匹，而且大部分还是基因优良的母马。西戎表现得如此慷慨，背后其实是大有玄机的。

三

原来，申侯积极促成西周和西戎和解，表面看是为西周的社稷和黎民百姓着想。其实，申侯是有私心的。

▼张家川马家塬战国晚期金车马带饰，出土于甘肃天水张家川县木河乡桃园村马家塬，从文化因素分析，被认为是西戎文化遗存

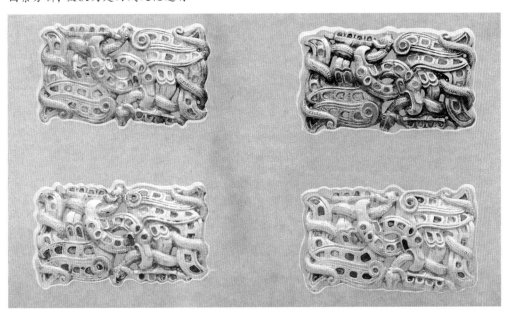

原来申侯的女婿，也就是西戎统治者大骆，除申侯的外孙外还有一个庶出的长子，名叫非子。这位非子，就是后来为秦国的崛起奠定基础的秦非子。非子从小就喜欢养马，经他饲养的马匹个个都膘肥体壮，人见人爱。有一次他往犬丘贩马，无意间撞见刚刚即位的周孝王。周孝王见他精明能干，便把他留在王都担任主管畜牧的大臣。申侯担心日后非子回国与他的外孙争夺国君之位，所以才借这次征伐西戎向周孝王提出自己的和解建议，并想借此机会阻止非子回国。

得到周孝王的同意后，申侯来到西戎会见了他的女婿西戎国君大骆，然后把他的想法讲给大骆。大骆也担心他的这位庶长子会威胁到嫡子国君之位，甚至骨肉相残，连连称好。但又有些担心，说道："倘若非子不肯留在周朝，那该如何？"申侯道："这个我早已想到了。非子回国无非是为了争夺君位和封地，倘若周天子赏给他一处封地，他自然不会回来与弟弟争位。"大骆道："非子不是王室贵族，又没有立过大功，周天子焉能赐他封地？"申侯道："如今周天子迫切需要的是马匹，你在国中挑选 100 匹强健的母马进献给周天子，让他交给非子饲养，用不了 3 年马群就会繁殖起来。那时非子就立了大功，周天子焉能不赐封地与他？"大骆大喜。

▼西周系马器——铜泡

果然如申侯所料。由于此次西戎进献的 100 匹马大部分都是母马，周孝王为了发展周王朝的马匹，就让非子前往汧水和渭水之间（即甘肃汧河和陕西渭河之间），为王室养马。非子在此养马 3 年，马匹数量大增。周孝王非常高兴，六年（前886 年），非子因养马有功，被封于秦地（今甘肃天水市张家川），号称嬴秦。后来，非子一族迅速发展壮大，先后消灭西戎 12 国，到战国时期，秦国已成七雄之首。公元前 221 年，秦王嬴政横扫六国，统一中国，建立了中国历史上第一个统一的封建王朝。

整个西周时期，西周和西戎一直以贡纳、战争及民间贸易等形式进行着马的交流，这次西戎献马周孝王只是其中的一例。但这次交流却在一个特定的历史环境下产生了一个奇特的效果，西戎献马周孝王产生的连锁作用，甚至在一定程度上影响了中国历史的进程。谁能说 600 多年以后的秦朝的崛起，和这次西戎献马没有关系呢？如果把秦灭六国一统天下看作是中国历史的一次大海啸，那么这次西戎献马可能就是引起这次海啸的"最早煽动的一对蝴蝶翅膀"。

周天子爱马成癖

——陕西眉县西李村周代"盠驹尊"

1955 年深冬的一天，陕西省眉县西李村村民李喜娃正在自家地里挖苜蓿根，突然他感觉手里的镢头碰到了什么硬物。挖开泥土，他发现地里埋藏着一些布满绿锈的青铜器。他激动地将泥土里的东西逐件挖出，发现共有 6 件青铜器：驹尊一件、方尊一件、驹尊盖两件、方彝两件。看看四下无人，他赶忙用背篓将这些青铜器物小心翼翼地背回家。可是没过多久，李喜娃忽然

▼北方游牧民族交流的场景

死了，接着家里又莫名其妙地死了两头牛和一头驴。李家人开始害怕了，他们觉得是这些古物不吉利。在李喜娃侄子的动员下，李家把这些青铜器背到西安碑林博物馆，捐给了省文管会。省文管会专家、学者看到这些器物喜出望外，表扬了他们，并奖励了他们80元人民币。之后，这些青铜器引起了国内

▲盠青铜驹是由西周贵族盠铸造的像小马驹的青铜尊

考古学家的高度关注。20世纪50年代末，国家将其中的一件盠驹尊调入国家博物馆收藏。

一

能够被中国国家博物馆收藏的大多是历史价值很高的文物，这件盠驹尊又隐藏着什么历史秘密呢？

尊在古代是用来盛酒的一种器皿，后来逐渐成为礼器。驹尊是指形状像小马驹的盛酒器，盠驹尊就是由盠铸造的像小马驹的青铜尊。现陈列在国家博物馆展厅里的这件盠驹尊，高32.4厘米，长34厘米，有盖，腹侧饰圆涡纹。马驹昂首挺立，颈部斜伸，剪鬃竖耳。它正睁圆了一双稚气的大眼睛，好奇地观察着周围的世界；两只耳朵则高高地竖起，好像正用心地聆听着什么。造型生动逼真。

为什么要铸造这样一件青铜器呢？盠驹尊上的铭文似乎可以帮我们揭开这个历史谜团。盠驹尊的驹体颈胸之处有铭文94字，盖内有铭文11字，共计105个字。铭文说了这样一件事：周朝的某年甲申日，周王主持了一次盛大

▲纹饰华丽的战国错金凤鸟纹车軎，出土于湖北荆州天星观

的"执驹"之礼。在典礼上，周王赏赐给贵族盉两匹小马驹。贵族盉接受了赏赐，然后称颂周王还记得他，同时还对周朝的先王们表达了一番赞美。为颂扬周王的美德，同时也为了纪念这件盛事，贵族"盉"铸造了这件盉驹尊。

何为"执驹"之礼？学者研究认为，铭文中提到的"执驹"之礼，即古代幼马升级成为役马的仪式。《说文》曰："马二岁曰驹。"就是说小马驹在两岁时就要离开母马，开始独立服役了。为此，人们要举行一项礼仪活动，盉驹尊表现的就是商朝时小马的成年礼。周天子亲自参加小马的成年礼，赏赐给贵族的是两匹小马驹，可见西周对马的重视。

二

西周的天子喜欢马，国家重视马。西周于是尽量通过多种途径获得马匹。

第一个途径是自己培育。盉驹尊的发现地陕西眉县东李村，当时就是周朝的养马场。这里北依坡原，南临渭河，有大片的川地草场，自然条件优越，特别适宜牧马。西周时期这里属京畿，周王册命盉在这里为周王培育良马。东李村一带属于"汧渭之间"，周孝王（西周第八代国君）时，"汧渭之间"是西周王朝的养马基地。周孝王就曾让秦人的先祖非子在汧水和渭水一带为周王朝养马，由于马养得好，周孝王便赐封给非子一块不到50里的土地，并赐地名为秦。

第二个来源是西周和边疆部落进行马匹交流。周始祖后稷的时候，周部落居今陕西武功，传至古公亶父时，迁到今陕西岐山。可以说周部族本来就起源于西北泾渭地区，长期与西北游牧民族戎狄为邻。受戎狄马文化的影响，周部族很早就饲养马和使用马。西周王朝建立前，就和周边少数民族部落关系密切，这些少数民族部落在武王伐商时帮过周不少忙。据古籍记载，武王伐商时，所率的直属军队仅有兵车300乘，虎贲3000人，甲士45000人。而当时商军"其众如林"，力量对比悬殊。但是，武王最终战胜了商朝，这与地处西北的庸、缗、彭、濮、蜀、羌、微、髳等部族的参加作战是分不开的。这些部落长期和周部落保持着友好关系，作为友军，车马兵源充足，平时马匹和其他物资的交流也很多。武王灭商后，对周边各部落实行怀柔政策。各部落纷纷接受周的号令，并向周贡献方物，马匹是重要的部分。

第三种方式是通过战争缴获。周朝曾多次和鬼方作战，缴获了不少的马匹。周成王是西周的第二代君主，他在位时，曾征伐鬼方（在今山西省中部一带）。西周青铜器《小盂鼎》铭文记载，周康王（西周第三位君主）35年，周与鬼方发生了一次规模较大的战争。在这次战争中，周大败鬼方，俘获13081人，车38辆，牛355头，羊38只，还有很多马匹。周孝王是西周第八位君主。周孝王励精图治，登基之初就征伐西戎，迫使西戎贡马求和。《竹书纪年》记

▼东周末年，周王室衰微，诸侯揭开了争霸的序幕

载:"元年辛卯春正月,王即位,命申侯伐西戎。五年,西戎来献马。"周孝王元年(前891年),西戎遣使入朝,进献良马百匹。周孝王十分高兴,重赏来使,并回赠许多粮食和布匹等礼物。《竹书纪年》还记载,周夷王(西周第九代国王)时,曾征伐戎狄(今山西省太原地区),获马千匹。

通过自己饲养、友好交流、战争缴获等形式,西周获得大量良马,这也丰富了西周的马种来源。

三

周穆王是西周的第五位君主,也是一位富有传奇色彩的帝王。据说周穆王特别喜欢马,他曾经得到8匹骏马。《拾遗记·周穆王》中说:"王驭八龙之骏,一名绝地,足不践土;二名翻羽,行越飞禽;三名奔霄,夜行万里;四名超影,逐日而行;五名逾辉,毛色炳耀;六名超光,一形十影;七名腾雾,乘云而奔;八名挟翼,身有肉翅。"八骏听起来个个神骏异常。对此,东晋学者郭璞觉得不以为然,他说,"八骏,皆因其毛色以为耳"。郭璞的意思是:所谓的八骏,说得挺热闹,其实都只不过是马的毛色不一样罢了。

▼表现历史故事的木刻画《穆王八骏图》

据说这位周穆王获得八骏以后就坐不住了,决定要西巡,目标是西极之地昆仑山。《穆天子传》记载:周穆王得八骏,在造父的驱驾下,柏夭做向导,进行了西访昆仑山的远行。他们先到了西王母之邦,又北行到"飞鸟之所解羽"的"西北大旷原"。周穆王这次穿行中国西部的史实,虽然被记载得有些离奇,

但其中的基本史实经过学者考证是可信的。此行周穆王见到了西王母，赠礼除"白圭玄璧"外，还有丝绸"锦组百纯，□组三百纯"。周穆王沿途还与各民族频繁往来赠答，珠泽人向周穆王"献白玉石……食马三百，牛羊二千"，周穆王赐"黄金之环三五，朱带、贝饰三十，工布之四"等。

有学者认为，周穆王到的昆仑山，就是现在的阿尔泰山，而所谓的西王母之邦就在今天的新疆境内。这说明远在张骞通西域以前的西周时期，中原地区和西域之间就已有交往。周穆王在西巡途中带回了玉石、马匹等，有人推测，周穆王带回来的马可能就有汗血马。也就是说，汗血马可能就以周穆王西巡为契机踏进过中原，但由于不服水土，没有繁衍下来。

西周建立前后，通过贸易和战争等形式，和周边部落甚至西域、中亚一带进行马匹的交流。这很大程度上与周朝天子对马的喜爱和重视有关。在周边的马向周王朝流动的过程中，中原与周边部族的文化也进行了交流并且互相影响，华夏文化的向心力、凝聚力也逐渐增强。

秦俑陶马河曲种

——陕西临潼秦始皇陵兵马俑坑陶马

1974年3月，春寒料峭。由于一冬少雪，春季干旱，骊山脚下的陕西省临潼县（今西安市临潼区）晏寨公社下河大队西杨生产队，决定打一眼机井抗旱。当时正值"文革"后期，缺乏大型挖掘机械，人们挖井全要靠手工挖掘。当挖到第5天的时候，在井下挖土的村民杨志发一镢头挖下去，挖到了一个硬东西上。随着土块的剥落，一个像真人一般大小的"黑瓦人"出现在他面前。"西杨村挖出了黑瓦人"的消息不胫而走。当时在新华社任记者的蔺安稳正好从北京返回陕西临潼探亲，他随即写了一篇题为《秦始皇陵出土

▼秦始皇兵马俑陶马头部特写

▲ 河曲马是中国三大名马之一，主要生长在今天甘肃、青海、四川相毗邻一带，以甘肃玛曲县黄河首曲而得名，故称河曲马

一批秦代武士陶俑》的内参。秦始皇陵开始受到各方的重视，秦始皇陵考古的大幕也徐徐拉开。

从 1974 年开始发掘至今，秦始皇陵共出土战车 130 余辆、陶马 500 余匹、鞍马 116 匹。其中，秦始皇陵兵马俑出土的陶马堪称写实艺术的杰作。经过学者们研究发现，秦始皇陵俑坑出土的陶马，与陵园内马厩坑出土的真马的体长、身高、身躯各部分的比例等基本相同，说明它们是以真马作为原型塑造的。从秦陵兵马俑坑出土的陶马形象判断，其陶马原型，应该是来自青藏高原东部早期的河曲马。

——

秦陵兵马俑的陶马普遍个头偏低，脖颈短，头部宽阔，体形粗壮。从马的特征看，这基本就是古代河曲马。河曲马是中国三大名马之一，主要生长在今天甘肃、青海、四川相毗邻一带，以甘肃玛曲县黄河首曲而得名，称河曲马。历史上又称为戎马、秦马。河曲马还有一个重要特点，就是鼻梁隆起微微呈现兔头型，秦兵马俑坑中出土的陶马也基本具备这一特征。传说中的相马大师伯乐就曾在秦穆公时在秦国效力，帮秦穆公养马。伯乐曾写过一本相马的著作《相马经》，书中说"兔头"就是名马的一个标准。

这里需要说明，秦朝时的河曲马和现在的河曲马是不一样的。现在的河曲马是在秦朝以后600多年才被培育出来。南北朝时期，鲜卑慕容部的一支从辽东跋山涉水迁徙到甘肃、青海一带，并以枹罕（今甘肃临夏）为中心建立了吐谷浑政权。吐谷浑人主要从事畜牧业，尤其擅长养马。黄河上游的河曲（今甘肃省甘南玛曲一带）地区就处在吐谷浑人的控制下，那里天高地阔、河网密织、水草丰茂，是培育优良马匹的绝佳牧场。就是在这里，吐谷浑人引进波斯种马与当地马杂交改良，其中还混有吐谷浑从北方草原骑乘而来的蒙古马的血统，才形成了现在的河曲马。所以，后来的河曲马和秦朝的河曲马还是有一定区别的。

从秦陵出土的兵马俑陶马看来，秦代的河曲马和现在的河曲马差别不是太大。秦朝的河曲马应该就是秦人从青藏高原东部河曲一带引入的古代

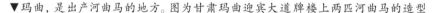

▼玛曲，是出产河曲马的地方。图为甘肃玛曲迎宾大道牌楼上两匹河曲马的造型

羌马。这些马本来就是优良的马种，所以才被擅长养马的吐谷浑人选作河曲马的母本。由于秦朝起家于甘肃礼县和天水一带，和青藏高原东部的氐羌为邻，所以秦国从河曲一带引入马种进行繁殖饲养也是合情合理的。

二

秦陵兵马俑坑中出土的陶马主要有两种：一种马背上没有马鞍，是用来拉车的驾马；另一种背上有马鞍，是用来骑乘的鞍马。

秦陵一号兵马俑坑中出土的驾车的陶驾马很有典型性。4匹陶马排成一排，由于距今已有两千多年，马背上原有的木质和皮质马具早已腐朽不见。这些陶马的大小和真马相近，身长约2.1米，通高1.72米。4匹马的造型基本相同，均剪鬃缚尾，举颈仰首，张口作嘶鸣状。中间的两匹服马双耳前耸，目光前视。两侧的骖马脖颈分别向外侧微微扭转，跃跃欲行，看起来异常神骏。虽然现在已经看不到马车当初的模样了，但从这4匹驾马的跃跃向前的形态上，我们仍然能感到车辚辚、马萧萧的气势，仿佛还能感觉到车马腾起的阵阵尘土。

出土于二号俑坑的鞍马身长约2米，通高1.72米，至髻胛高1.33米。陶马眼眶高隆，睛如悬铃，灼灼有神。马耳坚小而厚，状如斩竹前耸，异常机警。马鼻广而方，口裂长。马有六颗牙，正处于青壮期。马的前胸异常宽阔，肌腱突起，胸肌发达。马的后臀圆润厚重，肌肉丰满、结实。马腰浑圆，脊部微微下凹。马四肢前圆后方，前直后弓，刚健有力。鞍马是骑兵的坐骑，马背上都配有鞍鞯。鞍鞯两端微微隆起，中部凹陷。马肚下有一条肚带将鞍鞯固着于马背，带头相接处有一参扣，参扣位于马肚左侧。从秦陵的陶马俑看，这时的鞍马虽然已经有了肚带和鞍鞯，但还没有防止鞍鞯向后滑动的胸带。更加易于骑乘的高桥马鞍还没有出现，鞍马上也没有配备马镫。从陶马群的阵势看，秦朝时，马的使用虽然还处于初级阶段，但已经成为战争中的一支重要力量。从陶马的形态看，秦陵出土的无论是驾马还是鞍马，都具有河曲马的特征。

三

秦的发家史，就是一部秦人养马史。《史记·秦本纪》中说："（大费）佐

▲这两乘秦兵马俑彩绘铜车马按真车马仿制，惟妙惟肖

舜调驯鸟兽，鸟兽多驯服，是为柏翳，舜赐姓嬴氏。"大费就是秦人的祖先，由于会驯服鸟兽，所以被舜赐姓嬴。可见，秦人的祖先就善于驯养鸟兽。秦人发家史的真正奠基人是非子，他获得周孝王封秦邑的理由只有一个，就是善于养马。周孝王时，秦人非子居住在犬丘（天水市西南），善于养马。周孝王于是就让他在汧、渭二水之间（今甘陕之间）牧马，结果"马大蕃息"。周孝王便以秦地封非子，于是秦人以这里为基础开始了他们的发家史，直到600多年后建立起强大的秦帝国。

研究证明，秦的发源地就在今天的甘肃礼县和天水一带，春秋战国时西部和北部与戎、羌、月氏、乌孙、匈奴等少数民族为邻。这些民族都是善于养马的民族，这就为秦引进良种马提供了便利。秦国通过贸易和战争的方式，获取了大量优良马匹，培育良种马。《史记·货殖列传》在夸赞秦朝骏马的时候就说："西有羌中之利，北有戎翟之畜，畜牧为天下饶。"春秋战国时期，青藏高原东部就是羌人的游牧地，也包括现在的甘肃玛曲一带，"西有羌中之利"的"利"主要指的就是河曲一带的马匹。

以河曲马为主力的秦国战马，在统一六国的过程中屡立奇功，名声大震。《史记·张仪列传》中记载："秦马之良，戎兵之众，探前跌后，蹄间三寻腾者，不可胜数。"长平之战是战国后期秦国和赵国之间的一场生死之战，也是一场极其残酷的战争。在这场战争中，秦军骑兵的突袭就起了关键作用。据《史记·白起王翦列传》记载："秦军详败而走，张二奇兵以劫之。赵军逐胜，追造秦壁。壁坚拒不得入，而秦奇兵二万五千人绝赵军后，又一军五千骑绝赵壁间，赵军分而为二，粮道绝。"翻译过来就是，秦将白起假装失败逃走，引赵军追至秦军构筑的坚固的防御工事前，赵军受阻。秦军出奇兵25000人切断了赵军的后路。然后用5000骑兵奇袭赵军的大营，把赵军一分为二，断绝了赵军运送粮草的道路。最后大破赵军。

千古一帝秦始皇，临死也不忘在自己陵寝旁布下千军万马，希望在另一个世界继续领导他的帝国。今天我们看到秦陵出土的兵马俑，仿佛仍能感到秦军战车腾起的六国烟尘，听到秦军战马的嘶鸣。1978年9月，法国总理希拉克参观兵马俑时说："世界上原有七大奇迹，秦俑的发现，可以说是第八大奇迹。不看金字塔，不算真正到过埃及，不看秦俑，不算真正到过中国。"从此，"世界第八大奇迹"就成了秦俑的代名词。秦俑阵中，以古代河曲马为原型的陶马俑膘肥体健、威武雄壮。这些马既是秦和周边地区交流的成果，更反映了一代强秦虎狼之师的风貌。

马背武士说匈奴

——汉匈奴人武士骑马铜像

2009 年 11 月 13 日，在北京举行的秋季拍卖会上，有一件拍品引起了大家的关注。这件拍品叫作"汉匈奴人武士骑马铜像"。铜像高只有 5.8 厘米，铜像中的马四足稳立，体格魁梧，膘肥体壮。马身鞍鞯齐备，一个匈奴武士坐在马背上，执缰欲行。该饰件虽小巧，却将人物、马匹的姿态和神情表现得淋漓尽致。该拍品最后流拍，"汉匈奴人武士骑马铜像"恰如惊鸿一现，又不知所终。

▼汉匈奴武士骑马铜像

▲汉武帝派遣张骞出使西域各国

　　这个马背上的武士就是匈奴武士，他们曾经建立了世界上辽阔的草原帝国。匈奴在与汉朝为邻的 300 年间，双方互相征伐。汉朝初期明显处于下风，自汉武帝起，汉朝转守为攻。直到公元 91 年，东汉大将耿夔在金微山（今阿尔泰山）大败北匈奴，迫使北匈奴西迁，退出了蒙古草原。也许匈奴当时充满了困惑，为什么强悍的草原霸主反而败给了农耕民族呢？

——一——

　　匈奴是个历史悠久的北方民族，战国时活动于燕、赵、秦以北地区。《史记·匈奴列传》记载："匈奴，其先祖夏后氏之苗裔也，曰淳维（又名熏育）。"意思是，匈奴人的先祖是夏王朝遗民，叫淳维。公元前 3 世纪后期，匈奴兴起。匈奴帝国的全盛时期是从公元前 209 年（冒顿单于统一蒙古草原）至公元前 128 年（军臣单于去世）。全盛时的匈奴拥有强大的武装力量，《史记·匈奴列传》记载，匈奴兵"尽为甲骑""控弦之士三十余万"。正是靠这支强大的骑兵部队，匈奴东破东胡，南并楼兰、河南王地，西击月氏与西域各国，北服丁零与西北的坚昆。疆域范围以蒙古高原为中心，东至今内蒙古东部一带，南沿长城与秦汉相邻，并一度控有河套及鄂尔多斯一带。向西跨过阿尔泰山，直到葱岭和费尔干纳盆地，北达贝加尔湖周边。成为名副其实的草原霸主。

匈奴称霸草原的利器主要有两个：一是战马，二是骑术。

战马是匈奴人的立国之本。我们都知道，战争中取胜的一个关键因素就是行军速度。在冷兵器时代，战马的速度在战争中就起着无可替代的作用。根据军事专家的研究，古代骑兵一昼夜可以行进数百里，这种速度是步兵无法企及的。作为游牧民族的匈奴人善于养马，拥有马匹的数量大得惊人，史载匈奴境内"马畜弥山"。据史书记载，白登山一战，匈奴的 30 万骑兵以马的颜色分类编队，西面是一色白马，东面是一色青马，北面是一色黑马，南面是一色红马。匈奴庞大的骑兵部队使刘邦大为震惊。据史书记载，当时作为天子的刘邦，出行时驾车的 4 匹马还凑不齐一种颜色，而大臣只能用牛车。

高超的骑术是匈奴人在战争中取胜的另一个关键因素。西汉的晁错对匈奴人的骑术有过这样的分析：上下山坡，出入溪涧，中原的马不及他们的马；在险道陡斜处一边飞驰一边射箭，中原的骑兵也不及他们。骑马可以说是匈奴人最擅长的技艺，或者说这就是他们的生活方式。《史记·匈奴列传》记载：匈奴人从小就熟悉骑射，当他们还是孩子时就会骑羊、骑牛、骑马玩耍，在草原上追捕射杀鸟、鼠。一到成年就能骑上马背，挎上弯刀，背上弓箭，或打猎或战斗。所以，骑马是匈奴人生产生活的基本技能，这些技能一旦转化到战场上，就变成了强大的战斗力。

二

白登山之败，使西汉不得不对匈奴采取屈辱的"和亲政策"，以换得北方边境的暂时安定。这也使汉朝统治者切身体会到了汉朝在骑兵上和匈奴的巨大差距。痛定思痛，此后，在汉朝存续的 400 多年里马一直被高度重视。历史上汉朝对匈奴和西域多次用兵，这样汉朝就需要大量的战马和驮马。针对马匹数量和质量严重不足的问题，汉朝采取的主要举措是：大力发展养马业和不惜代价引进良种，改良马匹。

首先，汉朝积极发展养马业。据《汉书》记载，高帝四年（前 203 年）八月，西汉政府开始征收"算赋""为治库兵车马之用"。同时，设置和健全马政的管理机构。官方大力养马的同时，汉朝政府还积极鼓励百姓养马。汉文帝时曾以免除兵役的办法鼓励私人养马，汉武帝时继续实行这项政策。汉朝政府的这一系列举措，收到了巨大的成效。据史书记载，到汉武帝时，仅官府马圈里的马就达 40 万匹，民间大街

▲骑马是匈奴人最擅长的技艺，或者说是他们的生活方式

小巷都可以看见马，田野间的马匹成群结队。

其次，汉朝努力改良马种。由于长期圈养和驾车，中原的马奔跑能力及耐力均大大降低，这种马不是理想的战马。所以只有引进马种对马匹进行改良，才能使中原马匹的性能大幅度提高。河曲（现在甘肃玛曲一带）马是汉朝引进的马种之一。河曲马形体高大粗壮，后肢发育良好，挽力强，能持久耐劳。战国时，秦国吸收蒙古草原马的优良基因，使河曲马获得进一步的改良。所以，河曲马也是西汉政府引进的理想马种之一。浩门马也是汉朝引进的优良马种。浩门马主要产于青藏高原东北部，长期适应高原环境，体质粗糙结实，是挽乘皆宜的地方品种。浩门马古时又称"西蕃马"，传说周穆王西巡各地所献的马，就有浩门马。蒙古草原马是汉朝引进马种的主要品种。汉朝通过与匈奴的互市获得大量马匹，即使在汉匈战争时，这种互市也没有停止。汉朝通过战争获得的匈奴马匹数量更大。如公元 89 年，东汉大将军窦宪破北匈奴，获其马、牛、羊、橐驼百余万头。从汉武帝时起，西域马匹也是西汉马种的重要来源。西域自古盛产名马，尤其以乌孙马和大宛马最为著名。为了获得大宛马（又说为汗血马），汉武帝不惜两次发动对大宛的战争。此外，汉朝还引进了东北马、西南马等。

这些优良马种的引进，大大提高了西汉马匹的质量，为汉朝大规模征讨匈奴奠定了坚实的基础。

复原的匈奴马鞍具

三

经过汉初几十年的休养生息，汉朝的社会经济得到很好的恢复。通过大规模的养马和改良马种，西汉的骑兵数量和质量也都大大提高，这为汉朝发动对匈奴等政权的战争奠定了坚实的基础。汉武帝反击匈奴时，前后动用骑兵120万，每次参战的骑兵达10多万。汉朝军队已由步兵为主变成以骑兵为主，步兵仅为运送辎重。如元狩四年（前119年），大将军卫青、骠骑将军霍去病率领骑兵24万，步兵10余万，分兵两路出击，北越大漠。汉军充分利用骑兵的快速机动，采用远程奔袭、分进合击的战术，取得了辉煌战绩。在这次战役中，卫青与匈奴大战于漠北，直追匈奴到赵信城（今蒙古国杭爱山南麓）。霍去病与匈奴左贤王大战，杀敌7万余人，追杀匈奴至狼居胥山（今蒙古国杭爱山南麓），并在狼居胥山举行了祭天封礼，史称"封狼居胥"。经过这次战役，"匈奴远遁，而幕南无王庭"，匈奴对汉朝的威胁基本解除。

从汉武帝时开始反击匈奴到东汉最终击溃匈奴，汉朝的骑兵发挥了重要作用。汉朝建立之初，由于战马的数量和质量的严重不足，西汉在和匈奴的对抗中处于绝对的劣势，不得不通过和亲换取暂时的和平。随后，汉朝则忍辱负重，四方聚马改良马种，大力发展养马业，结果不到80年就扭转了战场上对匈奴的不利局面。在这个胜负转换中，马种改良和好马数量的飞速增加是战争获胜的关键因素。

从汉初匈奴对西汉的巨大军事威胁，到东汉时匈奴彻底失败而被迫远遁，马在这场战争中所起的重要作用不能忽视。汉初战马数量和质量不足是西汉军事上的短板，当西汉补齐这个短板以后，匈奴就无法和西汉抗衡了。当然这背后还有更根本的原因，汉朝综合国力的增强和匈奴的内讧才是战争形势转变的关键，西汉的变革、开放和交流是推动这场转变的动力。交往、交流才能共赢，这是不可逆转的历史趋势。

弱水河畔走胡马

——甘肃金塔县汉代肩水金关遗址

　　甘肃省金塔县县城东北 151 公里处，弱水东岸空旷的砾石戈壁滩上，有一片略显低矮的土包。1930 年，西北科学考察团在这里发掘出汉简近千枚，居延汉简从此闻名于世。1973 年，居延考古队再次进行发掘工作，又获汉简 10000 余枚，实物 1000 余件。在出土的汉简中，有"肩水金关"字样，证实这里就是汉代的肩水金关遗址。据 1930 年考古发掘资料记载，肩水金关主

▼甘肃金塔弱水旁边的金关遗址，远处是地湾城

要建筑有两座对峙的长方形夯土楼橹构成的关门、烽台、坞和一方堡等组成，有一定的规模。但因为这里地处戈壁，常年风沙侵蚀，肩水金关的主要建筑早已损毁严重。特别是又经过上个世纪的两次发掘，仅存的一些遗迹也几乎全部损毁，现仅存一座烽台和部分遗迹。如今的肩水金关早已失去了昔日的辉煌，但在两千年前的西汉时期，这里也曾马嘶人喊，作为边防要塞，担负着抵御北方匈奴的侵袭和与匈奴交流的双重任务。

一

肩水金关是汉朝初年在居延塞防线上设置的唯一关口。肩水金关的名字有点拗口。肩水金关的水，指的是弱水（黑河自金塔县的天仓以下到额济纳旗湖西新村段的别称）；肩，是指在弱水的肩膀上。在

▲肩水金关汉简牍《甘露二年丞相御史律令》，1973年由甘肃居延考古队在甘肃金塔北部的肩水金关遗址发掘出土

肩水金关的上游，弱水流域较宽，恰似人的身子。而到了肩水金关处流域变窄，恰似人的脖子，而肩水金关正好处在靠近脖子的肩膀上，因此叫肩水。金关，许多研究人员都认为含有"固若金汤"之意。连起来词义就是"弱水边的坚固关口"。

肩水金关的建成时间大约在汉武帝太初五年（前100年），它当时与阳关、玉门关并称为"河西三关"。黑河由南向北流淌，流到肩水金关一带，黑河开始被叫作弱水。此处弱水左右两侧分别是高耸的北山和浩瀚的巴丹吉林沙漠，在这里形成一个河西走廊通向蒙古草原的地理豁口。往前就是蒙古草

原，往后就是物产丰饶、宜农宜牧的河西走廊。秦末汉初之际，匈奴的骑兵就是从这里逆弱水南下而进入河西走廊的。公元前121年，霍去病第二次河西之战时，也是从这个豁口涉过居延水，迂回西南，直进祁连山，打败了匈奴。若在此处控制了弱水两岸，就是控制住了自漠北而至河西、西域之通道的要冲，封堵了河西走廊的北部豁口。而肩水金关正好处在这个豁口上，好似一把锁，紧紧"锁"住了这一豁口。所以，肩水金关对汉朝在西北对匈奴的战略防御具有非常重要的意义。

肩水金关所在的居延，在被汉朝纳入版图前是匈奴人生活的地方。西汉建立之前，这里曾生活着匈奴的一支部落——居延人。武帝太初三年（前102年），西汉军队屡创匈奴主力，所降服的匈奴人连同这里的居延人，一同被安置在新设的居延县。居延地区在西汉建立前后为北狄、乌孙、大月氏、匈奴等北方少数民族游牧之地，他们"逐水草而迁徙"，牧养马匹本来就是他们非常拿手的事。这里本来就聚集了不少草原的良马，西汉征服这里后，这些马连同这里的居民就都成了西汉的武装力量。

二

肩水金关不仅是防卫匈奴的前哨，也是匈奴与汉朝经济交流的桥头堡。汉与匈奴并立的近300年间，双方也算不上友好，但由于汉朝和匈奴存在农耕经济和游牧经济的天然互补性，双方的经济交流却从来就没有真正停止过。在汉朝与匈奴的交流中，马匹是最重要的内容。

互市和礼赠是马匹交流的主要方式。我们经常说的"互市"在西汉初年叫作"关市"，自东汉与乌桓、

▼大湾城位于甘肃金塔东北120公里处，居黑河东岸。东岸为东大湾城，西岸为西大湾城。据考证，东大湾城为汉代肩水都尉府所在地

▲ 金关南面的汉代地湾城

鲜卑、匈奴等进行贸易才开始称为"互市"。为了行文方便，我们在文章中除了原文引用外都用互市来表述。汉初白登山之围以后，西汉对匈奴开始施行和亲政策。"和亲"内容主要有五个方面：第一，以长城为界；第二，开通"关市"；第三，奉岁遗；第四，送公主、陪嫁品；第五，遣使匈奴"明和亲"。总观五项和亲内容，其实"通关市"才是核心部分，是匈奴要达到的最终目的。此后，汉匈之间虽然时战时和，彼此的贸易交流却一直存续着。《史记·匈奴列传》记载："明和亲约束，厚遇，通关市，饶给之。匈奴自单于以下皆亲汉，往来长城下。"这种互市贸易，在汉与匈奴和亲关系破裂、双方进行军事对抗时仍然存在。司马迁曾感慨地说："匈奴绝和亲，攻当路塞，往往入盗于汉边，不可胜数。然匈奴贪，尚乐关市，嗜汉财物，汉亦尚关市不绝以中之。"互市中匈奴的主要商品是牛、马、骆驼，马匹是汉朝最喜欢的商品。公元48年，南匈奴向东汉称臣，大量的南匈奴人迁入雁门、代郡，大量的战马也随着他们的内迁而进入河套地区。汉与匈奴的互市大大促进了匈奴良马的输入，《盐铁论·力耕》里就描述了汉朝与匈奴互市的场景："是以骡驴駝驼，衔尾

▲甘肃金塔出土的汉代青铜马

入塞，骈䮦骒马，尽为我畜。"

礼赠往来也是汉朝获得匈奴马匹的方式之一。汉与匈奴和亲后，双方聘使不断，匈奴单于赠送汉统治者的主要是马和骆驼。《史记·匈奴列传》记载，冒顿单于给汉文帝写信说："使郎中系零浅奉书请，献橐他一匹，骑马二匹，驾二驷。"意思是说，派郎中系零浅呈送书信请示皇上，并献上骆驼一匹，战马二匹，驾车之马八匹。《汉书·匈奴传》记载了一次汉文帝给匈奴单于的信，信中说："皇帝敬问匈奴大单于无恙。使当户且渠雕渠难、郎中韩辽遗朕马二匹，已至，敬受。"意思是，皇帝敬问匈奴大单于平安无恙。您派当户且渠雕渠难、郎中韩辽送给我两匹马，已经送到了，我恭敬地接受了。从以上史书记载可以看出，在汉朝和匈奴的互相礼赠中，骏马是匈奴赠予汉朝的重要礼品。由于是双方君主的赠礼，所以汉朝以这种途径获得的马品质都非常好。

三

虽然汉朝和匈奴相处的近300年的时间里互市和礼赠不断，通过互市和礼赠，汉朝从匈奴获得了不少马匹，但是汉朝在和匈奴的战争中获得的马匹数量更大。

今天我们当然无法准确统计出汉朝从匈奴缴获马匹的具体数字，但我们还是可以从史籍的记载中一窥端倪。匈奴是游牧民族，匈奴人平时生活离不开马，军队也以骑兵为主。所以汉军对匈奴的每一次战争胜利，都会获得大批的马匹。《史记·匈奴列传》记载，公元前127年，"卫青复出云中以西至陇西，击胡之楼烦、白羊王于河南，得胡首虏数千，牛羊百余万"。《汉书·卫青传》记载，公元前121年，卫青出击匈奴，在河朔之战中，"执讯获丑，驱马牛羊百有余万，全甲兵而还"。《汉书·匈奴传》中说，公元前71年，"校尉常惠与乌孙兵至右谷蠡庭……虏马、牛、羊、驴、骡、橐驼七十余万"。橐驼就是骆驼。范晔在《后汉书·窦融列传》中也记载，公元89年，窦宪破北匈奴单于于私渠比鞮海，"获生口马牛羊橐驼百余万头"。从史书记载看，汉匈战争中，汉王朝所获得的牛马羊动辄以百万计。这些通过战争缴获的马匹大量流入汉朝，成为汉朝再次发动战争的重要战略物资，也大大地丰富了汉朝马的基因和构成。

战争、互市、礼赠是汉朝获得匈奴马匹的主要途径。肩水金关就是汉朝在西北地区与匈奴对峙和交流的前哨。经济的互补性是汉匈之间不可分离的根本原因。这种互补性是不均衡的，匈奴对汉朝的农产品和铁器的需求具有不可替代性，汉朝对匈奴的畜产品的需求却不是必需的。匈奴马匹等畜产品和中原地区的农产品、手工业品的互相交流，丰富了汉朝的马文化，也丰富了汉匈人民的物质文化生活。这对促进和维护我国多民族国家的统一有着重要的意义。

对侧步稳浩门马

——青海"花儿"里的浩门马

　　"门源浩门的好走马，它四蹄儿蹬云着哩；想起尕妹子哭肝花，我心尖上滴血着哩。""西川打上来的好走马，全看个尕马的走法；尕妹是石崖上的山丹花，全看个阿哥的折法。"这是两首流行在青海省门源县的"花儿"。歌词中唱到的"好走马"就是我们文中的浩门马。专家研究认为，大名鼎鼎的铜奔马的原型就是古代的浩门马。

▼浩门马也被称作大通马或祁连马，是我国的一个地方马品种，主要分布在青海大通、门源一带

一

浩门马也被称作大通马或祁连马，它是我国的一个地方马的品种。从今天青海门源一带的浩门马看，它体格中等，体形以短宽粗实、四肢不高。浩门马兼备骑乘和驮运的性能，善走对侧步，行进时的速度不亚于

▲古代壁画《浩门马》

一匹跑马。骑乘者却如乘舟坐车般平稳，神态自若，当地群众称之为"板凳型"。

我们今天在青海大通、门源一带看到的浩门马并不是古代的浩门马。浩门马的发展大概经历了四个阶段，三次大的种质的飞跃。

第一个阶段是公元前2世纪晚期以前，汉武帝引进西域马种之前。这时的浩门马属于早期的原始品种，但它们已经携带了今天浩门马的优良基因，如善走对侧步等。

第二个阶段是汉武帝时，浩门马由于加入了西域马的基因有了一个质的飞跃。汉武帝为了获得大宛的良马，先后两次派李广利出征大宛，得汗血马3000余匹。公元前121年，汉武帝在祁连山南北麓，设御马苑与当地的浩门马进行杂交育种，培育出了乘挽兼用、耐力极强、善走对侧步的"凉州大马"。

第三个阶段，来自辽东的吐谷浑又使浩门马有了一个新的飞跃。公元329年，吐谷浑建国青海。天生善于养马的吐谷浑人，用浩门马与波斯草马进行杂交，利用青海湖周边地区草原广袤、水草肥美的优良条件，培育出新一代良马"青海骢"。"青海骢"这个名字，也随着吐谷浑一次次向中原王朝进献良马而名扬天下。

第四个阶段是在中华人民共和国建立以后，对培育发展浩门马采取了一系列保护和奖励政策，浩门马再一次得到优化。

▲青海门源是北方油菜发源地

本文主要讨论的是浩门马在汉朝时的改良和交流情况。

二

1969年9月，在甘肃武威雷台汉墓出土了一匹享誉世界的铜奔马——马踏飞燕。当然，这个叫法今天仍有争议。有专家认为应该叫作"马超龙雀""马踏飞隼""马踏飞鹊"等，我们仍按民间流行的叫法称之为"马踏飞燕"。

从铜奔马的形体特征看，马的体型高大，四肢修长且坚硬有力，与汉武帝时从西北引进的大宛马很像。铜奔马造型一足踏鸟背，另外三条腿腾跃在空中。它左右两侧同侧的两条腿同时向一个方向腾起，这种姿态有一个专门的术语叫"对侧步"，大宛马也是走对侧步的高手。但同时，铜奔马看起来肌肉厚实，身体也略显粗壮，这不是纯种的大宛马的特征，而是具有蒙古马的一些特性。青藏高原的浩门马也善走对侧步，俗称"胎里走"。如果把铜奔马和今天的浩门马对照，我们会发现铜奔马的体征和今天的浩门马相似性更多一些。另外，甘肃天祝一带的岔口驿马也善走对侧步，专家认为它和浩门马应该都属于祁连山一带品种相同的马匹，只不过是按属地取了不同的名字而已。经过学者们综合研究认为，铜奔马是结合了浩门马、大宛马、蒙古马等马种的优点于一身，而经过艺术加工后的完美艺术作品，浩门马应该是主要的参照原形。今天，如果我们去河西的山丹军马场，你会发现那里的很多马在奔跑时就是对侧步。

武威出土以浩门马为原型的铜奔马，不是偶然的。公元前121年，匈奴昆邪王和休屠王投降汉朝，汉朝于是在河西地区设置了酒泉、武威、敦煌、张掖四郡。元封五年(前106年),汉分天下为13州,在今甘肃省置凉州刺史部,凉州之名自此始。凉州下辖陇西、酒泉、张掖、敦煌、武威等10郡。作为凉州的重要属郡,武威因为地处丝绸之路要塞,成了良马的交易和汉军军马的补给基地,这时候第二代浩门马就会大量进入武威。这样看,在武威雷台汉墓发现以第二代浩门马为原型的铜奔马是合理的。

三

据专家研究,《穆天子传》中记载的周穆王西巡时沿途各地所献的马,大多都是早期的浩门马。吐蕃王朝建立以前,生活在青藏高原西北部的羌族人就在青海湖周围游牧,放养的马匹主要也是浩门马,古时又称"西蕃马"。汉朝在与羌人的战争中,得到了大量羌人的马匹。《后汉书·邓训传》就记载,东汉和帝永元元年(89年),护羌校尉邓训,"发湟中秦、胡、羌兵四千人,出塞掩击(迷吾子)迷唐于写谷,斩首六百余人,得马牛羊三万余头"。《后汉书·段颎传》也记载,段颎镇压羌人起义"凡百八十战,斩三万八千六百余级,获牛马羊骡驴骆驼四十二万七千五百余头"。这些从战争中缴获的大

▼浩门马

交
流
卷

批浩门马被汉朝用于改良马种，地点就在门源、大通以北不远的大马营草原。

西汉初年，大马营草原（又称"汉阳大草滩"）是匈奴的牧场，汉武帝时被霍去病夺取。《资治通鉴》记载，元狩二年（前121年），霍去病为骠骑将军，"过焉支山千余里"，把匈奴驱逐出了河西走廊。于是，匈奴悲伤地唱道："亡我祁连山，使我六畜不蕃息；失我焉支山，令我嫁妇无颜色。"匈奴最痛心的就是失去了大马营草原。由于这里水草丰美，适宜牧养马匹，于是就成了汉军驻牧的重要场所。汉武帝元鼎四年（前113年），汉武帝下诏，在大草滩设置汉阳牧师苑，专门负责牧马事宜。此后，汉阳大草滩就成了汉朝在西部最重要的养马和改良马种的基地。

公元前119年，张骞出使乌孙得良马数十匹。为了获得更优良的马种——汗血马，汉武帝两次兵伐大宛，得其"善马数十匹，中马以下牡牝三千余匹"。但由于路途遥远，入关时仅剩千匹。此后，大宛每年向西汉进贡汗血马两匹。这些乌孙马和汗血马基本上都被安置到了山丹大马营用于繁育。于是，西汉时大马营草原就汇集了汗血马、浩门马、蒙古马、乌孙马等马种。"既杂胡马，马乃益壮"，经过杂交改良，培育出了集各马种优点的二代浩门马——凉州马。

当铜奔马千年后重现人间的时候，它一下子就以俊美的身姿、蓬勃的活力征服了世人。于是人们毫不吝啬对它的赞美，用最好的词汇和句子描述它，赋予它最高贵、最显赫的身世。这完全可以理解，因为我们都希望自己的东西是最好的。和浩门马相比，人们似乎更愿意认为那匹踏燕而来的骏马是来自西域的天马。其实浩门马本身就身世显赫，混合了多种名马的基因，更有着纵横蒙古草原的辉煌战绩。更重要的是，它折射出了大汉王朝的开放包容的气度。正是有了这种气度，汉朝才凿空西域，开通了丝绸之路；正是有了这种气度，汉朝才从四方引来良种，培育出了二代浩门马。当然，我们也可以称呼它的另外一个名字——凉州大马。

南朝战马出北方

——江苏南京市博物馆南朝石马

　　江苏省南京市博物馆藏有一尊南朝石马。石马高 36 厘米，长 40 厘米，宽 14 厘米。马昂首挺胸，双目直视前方，细腰圆臀，四足呈方柱状，尾长而粗，直连底座。马配有辔、鞍，鞍下有镫。1978 年 5 月，这尊石马出土于南京中央门外燕子矶附近的一座残墓内。墓中还出土了梁普通二年（521 年）墓志一方，基本可断定此墓为南朝墓葬。

　　我国东南一带出土的马文物较少，这尊石马的出土有着独特的研究价值。东晋（317—420）、南朝（420—589）政权的统治中心都在江浙一带。我国东南方气候潮湿，河渠密布，这些都不利于马的生长繁衍。所以历史上我国东南几乎不产马，不像北方草原牧区成为马匹繁育的主要基地。但在东晋、南

▼江苏南京江宁区李環墓出土的南朝石马，南京市博物院藏

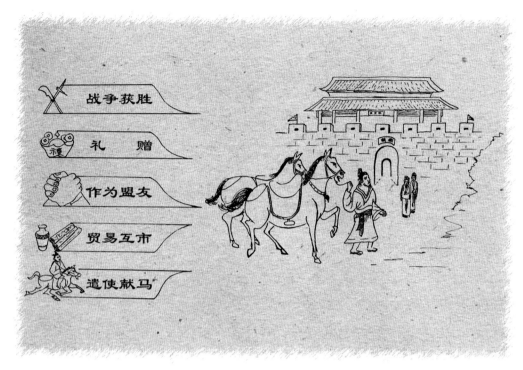

战争获胜

礼　赠

作为盟友

贸易互市

遣使献马

▲北方马匹流入南朝示意图

朝时期，我国长江南北政权更替频繁，而马对一个政权的军事实力有着至关重要的意义。大量北方马匹在这个时候通过多种途径流入南方。

一

魏晋南北朝时期，南北之间爆发过多次战争，如前秦与东晋、北魏与刘宋、北魏与萧梁等。虽然双方都不具备彻底消灭对方的实力，但从战争结局看，南方还是败多胜少，南朝基本上还是处于军事弱势。这其中一个重要原因就是，当双方军队短兵相接的时候，在战争中起着重要作用的骑兵，南方明显弱于北方。

关于南北拥有马匹的比较，北京师范大学的黎虎先生做过相关的研究。他在《六朝时期江左政权的马匹来源》一文中说，三国时代曹魏的军队，步兵1000人中有骑兵100骑；孙吴的军队，步兵2000人中骑兵只有50骑。可见南北方军队马匹的拥有量差距还是非常大的，北方政权的马匹拥有量四倍于南方政权。

东晋、南朝为对抗来自北方的军事压力，迫切需要良马来提高自己军队的战斗力。虽然在战场上南方胜少败多，但有些时候南方政权也可以通过仅有的胜利，从北方政权那里缴获良马。公元383年，前秦苻坚在淝水之战中败于东晋，东晋因此获得前秦大量战马。《晋书·谢安传》记载："获坚乘舆云母车，仪服、器械、军资、珍宝山积，牛马驴骡骆驼十万余。"《宋书·索虏传》记载："历城建武府司马申元吉率马步□余人向碻磝，取泗渎口。虏碻磝戍主、济州刺史王买德凭城拒战，元吉破之，买德弃城走，获奴婢一百四十口，马二百余匹。"这样的战绩，对东晋来讲已是难得，北方的马匹也通过战场缴获流入到南方。

二

由于军事上的相对劣势，南方政权从战争中获得马匹机会很少，但通过贸易获得北方的马匹还是很多的。北朝与南朝间一直保持着互市关系，即使双方发生战争，但出于双方或经济利益或军事需求，还是会进行互市。在互市中，北方输入南方的主要是马。

宋文帝元嘉二十七年（450年），文帝出兵伐北魏，却被北魏击败。随后，北魏太武帝拓跋焘遂引兵南下，从黄河北岸一直打到长江北岸。由于无法渡

▼南朝时期的骑马吹鼓出行砖画，南京市博物院藏

交流卷

过长江天险，拓跋焘于元嘉二十八年（451年）率军北归。但随后，战争的硝烟还未散尽，北魏就向刘宋请求互市。《宋书·颜竣传》记载："二十八年，虏自彭城北归，复求互市，竣议曰：'……若言互市，则复开曩敝之萌。议者不过言互市之利在得马，今弃此所重，得彼下驷，千匹以上，尚不足言，况所得之数，裁不十百邪。'"在关于是否与北魏恢复互市的讨论中，南朝刘宋大臣颜竣认为不妥。他认为刘宋通过互市只是会得到北魏的百十匹劣马，此时的互市会增强北魏的实力，对北魏更有利。从这个记载我们可以看到，文中说到南朝"互市之利在得马"。可见，北朝输往南朝的主要是马。文中还提到"复求互市"，可知南北互市是一种经常性的经济行为，只是战争时暂停而已。

三

虽然有战争，但南北朝时南北政权之间友好交往还是持续不断的，北朝也常常以北方的良马作为礼物向南朝赠送。

北魏和刘宋之间曾发生过很有意思的事件，双方在战场上就有一次礼赠，其中居然还有作为战略物资的马匹。《宋书·张畅传》记载，元嘉二十七

▼魏晋南北朝时遗留下的南京栖霞山石窟寺，一般南方的石窟很少，所以弥足珍贵

年（450 年），北魏太武帝拓跋焘攻打南朝刘宋孝武帝刘骏。刘宋太尉江夏王刘义恭统率诸军，出镇彭镇。拓跋焘亲率大军至彭城。此时，有意思的一幕出现了。拓跋焘派刘宋降将艄应到彭城向南朝守将索甘蔗及酒。刘宋孝武帝刘骏答应

▲东晋陶牛车及陶俑群出土于江苏南京象山

送拓跋焘酒二器、甘蔗百挺，但向拓跋焘索要马与骆驼等。拓跋焘于是送给刘骏骆驼、骡、马及貂裘、杂饮食。这个故事让我们有点啼笑皆非，甚至有些怀疑战争的严肃性，或许古人认为道义重于战场胜负吧。但这也从另一个角度说明，和兵戎相见相比，双方更习惯于互赠交流。

石云涛先生在《魏晋南北朝时期良马输入的途径》一文中还提到，南朝从北方获得马匹的另一种方式，即直接从北方草原民族那里获得良马。北魏当时实力强大，北方民族和南朝都受到威胁。南朝于是就联合北方草原民族，夹击共同的敌人北魏，于是南朝有时就可以作为盟友得到北方草原民族的良马。

《梁书·诸夷传》记载："芮芮国，盖匈奴别种。……自元魏南迁，因擅其故地。……宋升明中，遣王洪轨使焉，引之共伐魏。齐建元元年（479 年），洪轨始至其国，国王率三十万骑，出燕然山东南三千余里，魏人闭关不敢战。后稍侵弱。永明中，为丁零所破，更为小国而南移其居。天监中，始破丁零，复其旧土。始筑城郭，名曰木末城。十四年，遣使献乌貂裘。普通元年（520年），又遣使献方物。是后数岁一至焉。大同七年（541 年），又献马一匹、金一斤。"

文中提到的芮芮国就是柔然，柔然是继匈奴、鲜卑等之后在蒙古草原上

交流卷

崛起的政权，在公元4世纪后期至6世纪中叶兴盛一时，盛产良马。

南朝也曾从高昌国获得西域良马。《梁书·诸夷传》记载，高昌国，"出良马、蒲陶酒、石盐……大同中，子坚遣使献鸣盐枕、蒲陶、良马、氍毹等物"。文中的"蒲陶酒"即葡萄酒，"氍毹"是一种织有花纹图案的毛毯。这里说的是，南朝梁武帝萧衍在位时期，高昌王子坚派使者向梁国进献良马、葡萄酒等物。

地处西北的邓至国也曾遣使向南朝献马。《梁书·诸夷传》记载："邓至国，居西凉州界，羌别种也。世号持节、平北将军、西凉州刺史。宋文帝时，王象屈耽遣使献马。天监元年（502年），诏以邓至王象舒彭为督西凉州诸军事，号安北将军。五年，舒彭遣使献黄耆四百斤，马四匹。"邓至国，又称邓至羌、白水羌，是北朝时羌族建立的政权，其疆域大致相当于今陇蜀间白水江上游南北以及岷江上游诸地。都邑邓至城一说在今四川九寨沟县西，或即阴平古城附近，在今甘肃文县鹄衣坝西北。

南朝的齐梁时期，青海一带的吐谷浑也曾向南朝称臣，并向南朝进贡，所献礼物，以马为主。《梁书·武帝纪》记载，大同六年（540年）五月己卯，"河南王遣使献马及方物"。"河南王"就是指的吐谷浑王，因其统治地区位于黄河上游以南，因此又称"河南王"。《梁书·诸夷传》也记载了吐谷浑向梁朝进献良马的史实："又遣使献赤舞龙驹及方物……其世子又遣使献白龙驹于皇太子。"吐谷浑青海骢马号称"龙种"，又因毛色不同分别称为"赤舞龙驹"和"白龙驹"。

从史籍可以看出，魏晋南北朝时期，北方的马匹一直通过多种途径流入南方。但由于南方从北方获得的马匹数量有限，而且南方也不具有大量繁育马匹的条件，所以始终在良马的拥有数量和质量上处于劣势。由于军马数量少，所以南方政权在军事上和北方政权相比，难以并驾齐驱，军备也不足以抗衡，这可能也是南北朝最终统一于北方的原因之一吧！

北朝骏马多流转

——甘肃敦煌莫高窟249窟西魏壁画《猎人射虎图》

　　敦煌莫高窟249窟位于窟区中段，营建时间为西魏时期。此窟平面方形，覆斗形顶。窟顶北披有一方壁画。画中山峦重叠、林木茂盛。有一个猎人骑在一匹奔跑的红色骏马上，正回头拉弓射向猛虎。右侧山林间还有一个猎人骑在一匹奔跑的黑色骏马上，正在追逐一群野鹿。整个画面构图洗练，表现的是一幅扣人心弦的野外狩猎图景。画中两匹正在奔跑的骏马线条流畅、体型健美、四肢修长，一看就是北魏时期的良种马。

▼西魏249窟《猎人射虎图》位于莫高窟249窟。壁画位于窟顶北披，表现的是一幅扣人心弦的野外狩猎图景

交　流　卷

▲赫连勃勃（381—425），匈奴铁弗部人，十六国时期夏国（又称赫连夏）建立者

一

敦煌莫高窟，是世界上现存规模最宏大、保存最完好的佛教艺术宝库，早已驰名海内外。尽管我们已经通过画册、电视、网络等各种媒体关注过莫高窟，但当踏进莫高窟的洞窟时，我们仍然会震惊于洞窟规模的宏大，震惊于窟内雕塑和绘画的精美，惊叹那些雕塑和绘画的色彩虽历经千年仍生动鲜活。

《猎人射虎图》是敦煌莫高窟249窟壁画的一个局部，描绘的是北朝时期西魏贵族在野外狩猎的场面。这样的狩猎图在莫高窟西魏285窟、北周301窟、北周299窟等窟都有呈现。梁蔚英先生研究指出，狩猎场景在佛教壁画中出现，表现的是"不律仪变相"（即佛教所说的恶戒的变相），是为了劝告僧人不要像猎人一样破杀戒。抛开其宗教含义，我们在这里只从美学角度和反映的社会背景角度讨论壁画的场景。敦煌壁画中马的形象是为佛教内容服务的，但马的形态、结构和表现手法都以现实生活为蓝本刻画，具有鲜明的时代风格。然而，这种马的培育显然是种群交流和人为培育的结果，是和其时代背景分不开的。

地处西陲的敦煌，曾是古代匈奴、突厥、回鹘、吐蕃等游牧民族的繁息之乡，他们"随逐水草，居处无常，射猎为业，又皆习武"。同时，敦煌也是一处各游牧势力争夺的战略要地，成为金戈铁马驰骋嘶鸣的疆场。这里不得不使人回望魏晋以来马在战争中的身影。

魏晋南北朝（220—589）是中国历史上政权更迭最频繁的时期。从曹魏建立至隋统一的360余年间，30余个大小王朝交替兴灭。由于战争频繁，各个政权都迫切需要增加马匹的数量，以图增强自己的军事实力。所以，马匹交流以各种方式进行着。北方政权虽然经常互为对手，但出于外交和军事需要，北方政权之间的马匹交流也非常频繁而广泛。

<h2 style="text-align:center">二</h2>

北方政权之间，战争胜败是大量战马、驮马流动的一个重要原因。

三国时地处北方的曹魏和鲜卑族相邻，曹魏在战争中就曾经缴获过鲜卑的良马。《三国志·田豫传》记载："豫将精锐自北门出，鼓噪而起，两头俱发，出虏不意，虏众散乱，皆弃弓马步走，追讨二十余里，僵尸蔽地。"

前秦大将吕光，曾奉苻坚(338—385)之命伐西域，获西域大量战马。《晋书·吕光载记》记载："光既平龟兹，有留焉之志。……于是大飨文武，博议进止。众咸请还，光从之，以驼二万余头致外国珍宝及奇伎异戏、殊禽怪兽千有余品，骏马万余匹。"

大夏国和南凉之间的战争，也使马匹在中国西北地区局部发生交流。大夏(407—431)是十六国时期匈奴铁弗部赫连勃勃在河朔一带建立的政权，曾强盛一时。南凉(397—414)为鲜卑政权，盛时控有今甘肃西部和青海一部分。

▼南北朝集安洞古墓高句丽骑士骑马狩猎的场面

大夏国与南凉发生过不少战争，在战争中，他们经常互相缴获对方的良马。《晋书·赫连勃勃载记》记载："勃勃初僭号，求婚于秃发傉檀，傉檀弗许。勃勃怒，率骑二万伐之，自杨非至于支阳三百余里，杀伤万余人，驱掠二万七千口、牛马羊数十万而还。……勃勃复追击于木城，拔之，擒难，俘其将士万有三千，戎马万匹。"

北魏与北方、西北方各游牧民族的战争中也经常获得大量马匹。公元 4 世纪后期至 6 世纪中叶，在蒙古草原上继匈奴、鲜卑等之后，柔然崛起。柔然最鼎盛时期势力遍及大漠南北，北达贝加尔湖畔，南抵阴山北麓，东北到大兴安岭，东南与库莫奚及契丹为邻，西边远及准噶尔盆地和伊犁河流域。北魏与柔然之间也进行了长期的战争，北魏从战争中获得大量良马。《魏书·太祖纪》记载："（天兴）五年春正月……戊子，材官将军和突破黜弗、素古延等诸部，获马三千余匹，牛羊七万余头……获其辎重库藏，马四万余匹。"

另外，北齐对东北地区奚族的战争，也获得不少良马。《北齐书·綦连猛》记载："乾明初，加车骑大将军。皇建元年（560 年），封石城郡开国伯，寻进爵为君。二年，除领左右大将军，从肃宗讨奚贼，大捷，获马二千匹，牛羊三万头。"

三

魏晋南北朝时期，各政权之间以及这些政权与周边和域外民族之间虽屡有战争，但大多数时间是战后的喘息恢复期。这个时期，良马也大量以贡献和馈赠的形式在北方和西北各政权之间流动，成为消弭敌对关系或重新洗牌结盟的"礼品"。

三国时期，鲜卑人曾以其良马进献曹魏。《三国志·公孙瓒传》

▼北朝釉陶骑马俑，陕西历史博物馆藏

记载："太祖与袁绍相拒于官渡，阎柔遣使诣太祖受事，迁护乌丸校尉。……太祖破南皮，柔将部曲及鲜卑献名马以奉军。"文中说到的太祖就是大家熟悉的曹操，曹魏政权建立后曹丕追祭其父曹操为太祖武皇帝。

西晋时，鲜卑人继续向中原政权献马。《晋书·孝愍帝纪》记载，建兴二年（314年）九月，"单于代公猗卢遣使献马"。《晋书·刘琨传》记载："（永嘉）三年……及是，遵与箕澹等帅卢众三万人，马牛羊十万，悉来归琨，琨由是复振，率数百骑自平城抚纳之。"

北魏与柔然虽然长期处于军事对抗状态，但双方也有友好交往。在交往中，柔然时常赠良马给北魏。如北魏太武帝延和三年（434年），"二月丁卯，蠕蠕吴提奉其妹，并遣其异母兄秃鹿傀及左右数百人朝贡，献马二千匹"。文中的蠕蠕就是柔然。

北周与突厥交好，并建立和亲关系，北周也从突厥那里得到了大量的马匹。《周书·异域传》记载："土门死，子科罗立。科罗号乙息记可汗。又破叔子于沃野北木赖山。二年三月，科罗遣使献马五万匹。"这条史实的意思是，突厥可汗土门去世，其子科罗继任可汗，自称乙息记可汗。随后科罗又在北木赖山大破叔子，西魏废帝二年（553年）三月，科罗遣使向北周献马五万匹。五万匹马在当时不是一个小数目，由此也可见突厥重视与北周的关系。

北魏时，经吐谷浑转手贡献，北魏还得到了西南地区的"蜀马"。《魏书·吐谷浑传》记载："终世宗世至于正光，牦牛蜀马及西南之珍无岁不至。"

此外，在北方的马匹交流中，互市贸易也是一种常见的方式，比如北魏与其东北的库莫奚、北方的柔然和西北地区的各政权都有互市往来。

魏晋南北朝时期北方少数民族纷纷南下，政权更替变化非常频繁，这大大增强了北方政权的危机感。为了在强敌环伺的环境中立于不败之地，拥有马匹的数量和质量至关重要。因此，在北方政权的外交、军事、经济活动中，马匹备受重视，经常以各种形式在北方政权间流动，甚至是流转。马匹的频繁流动，客观上促进了北方政权间的交流，这些交流也有利于北方民族的融合。

因马西来因马兴

——吐谷浑与青海骢

　　吐谷浑是古代我国西北的一个少数民族，主要活动在黄河上游和祁连山一带，也就是今天的甘青地区。吐谷浑，既是一个人名，也是一个族名，同时也是国名。吐谷浑是一个充满传奇色彩的民族，它曾万里西迁，后在甘青地区兴起建国，这些都和马有密切的关系。据史籍记载，吐谷浑的西迁就是由于一场马斗引起。它能够在南北朝和隋唐时期强国如林的夹缝中顽强生存下

▼青海湖曾是吐谷浑生活过的地方

▲善于骑马射箭的吐谷浑王

来，也是由于吐谷浑有拿得出手的经济和外交筹码——青海骢。

一

公元3世纪后期，我国古代民族鲜卑族慕容部生活在今天的东北一带。吐谷浑是部落首领慕容涉归的庶长子，慕容涉归死后，其嫡子慕容廆于公元284年继任了可汗之位。吐谷浑虽然是慕容廆的兄长，但因为是庶出，仅分得1700户部众。

有一次，慕容廆和吐谷浑两部的马群在草场上发生了马斗。兄弟俩为此发生了争执，吐谷浑一气之下率部众向西远徙。《晋书·四夷》中记载了这一事件："吐谷浑，慕容廆之庶长兄也，其父涉归分部落一千七百家以隶之。及涉归卒，廆嗣位，而二部马斗，廆怒曰：'先公分建有别，奈何不相远离，而令马斗！'吐谷浑曰：'马为畜耳，斗其常性，何怒于人！乖别甚易，当去汝于万里之外矣。'于是遂行。"

但慕容廆和吐谷浑毕竟是亲兄弟，当吐谷浑带领1700户部众踏上迁徙之旅时，慕容廆又追悔莫及，赶忙派大臣去劝阻。但吐谷浑去意已决，就说，让马来决定我的去留吧。于是，《北史·吐谷浑传》中就记载了一段有传奇色彩的故事："若洛廆悔，遣旧老及长史乙那楼谢之。吐谷浑曰：'我乃祖以来，树德辽右，先公之世，卜筮之言云："有二子，当享福祚，并流子孙。"我是卑庶，理无并大。今以马致怒，殆天所启。诸君试驱马令东，马若还东，我当随去。'即令从骑拥马令回，数百步，欻然悲鸣，突走而西，声若颓山，如是者十余辈，一回一迷。楼力屈，乃跪曰：'可汗，此非复人事。'"从记载看，当慕容廆派来的大臣把马匹往东赶时，马群走出数百步后，突然悲鸣，然后回头向西。经过十几次还是如此，于是大臣认为是天意，只好作罢。

交流卷

▲元兴元年（402年）筒瓦，中国国家博物馆藏

此后，吐谷浑就带领部众，向西穿过内蒙古草原的南部边缘，到达阴山以南的河套平原。然后又从阴山往西南，越过陇山，西渡洮水。最后，来到了枹罕（今甘肃临夏回族自治州）西北的罕开原地区，吐谷浑王国长达350多年的历史就从这里开始了。公元329年，吐谷浑的孙子叶延任首领时，立族名和国号为"吐谷浑"。从此，"吐谷浑"由人名转为族名和国名。

二

吐谷浑西迁之前属于鲜卑族的慕容部，鲜卑族是游牧民族，本来就善于养马。早在辽东的时候，他们就长期与乌桓、契丹、女真等游牧民族生活在一起，和这些民族有马文化的交流。在迁徙途中，他们又在内蒙古河套一带寄居了20年时间，学习了拓跋、鲜卑的养马经验。来到甘肃、青海一带后，这里也有丰富的养马知识供他们借鉴。当他们稳定下来以后，养马业自然就是他们的经济支柱产业。也就在这个时期，吐谷浑培育出了著名的青海骢。

《隋书·西域传》中记载："中有小山，其俗至冬辄放牝马于其上，言得龙种。吐谷浑尝得波斯草马，放入海，因生骢驹，能日行千里，故世称青海骢焉。"《北史·吐谷浑传》也有记载："青海周回千余里，海内有小山。每冬冰合后，以良牝马置此山，至来春收之，马皆有孕，所生得驹，号为龙种，必多骏异。吐谷浑尝得波斯草马，放入海，因生骢驹，能日行千里，世传青海骢者也。"把青海骢说成是龙种，这当然是把青海骢神秘化了。有人说，这是吐谷浑的一种营销策略，目的是抬高青海骢的身价，以图在和中原王朝的交流中要一个好价钱。

青海骢的横空出世其实是中西优良马种交流的产物。据专家研究，吐谷浑地处当时的东西交通大动脉——丝绸之路上，他们利用有利的地理位置，也把生意做到中亚和西亚一带。在做生意的过程中，吐谷浑接触到了风骨不凡的中亚马和西亚马，当时称这些马为波斯草马。于是，吐谷浑人就把这些波斯草马引进到青海湖周边。在这里，吐谷浑充分发挥了他们善于育马的特长，依托青海湖周边广袤肥美的草场，用他们引进的波斯种马和他们带来的蒙古马、本地的浩门马交配，培育出了具有远缘杂交优势的马匹。然后再次进行筛选，梯级繁育，最终培育出了名震四方的青海骢。

三

有了好马，吐谷浑就有了与中原王朝交好的资本，还可以借助中原王朝的力量扩大自己的势力。另外，通过马匹的交流，吐谷浑也可以获得急需的谷物、布帛和铁器等物资。于是，吐谷浑培育的大批良马，源源不断地流入中原。

吐谷浑的马匹流入中原的方式有互市、朝贡、征用、俘获、民间贸易等多种渠道。

吐谷浑历代国王都以朝贡的方式向中原王朝输送马匹，有时要一年进贡3次。《晋书·吐谷浑传》记载，前秦建元七年（371年），吐谷浑碎奚向前秦苻坚"遣使送马五千匹"，苻坚则封碎奚为"渑川侯"。据《晋书·乞伏炽磐载记》记载，齐高帝建元三年（481年），吐谷浑属国

▼弘化公主墓墓志铭，清同治年间出土于甘肃武威亲嘴喇嘛湾

▲吐谷浑人一生都离不开马，是马背上的民族

向西秦国缴纳"税其部中戎马六万匹"。南北朝至唐末，各类史书均详细记载了吐谷浑向朝廷献马、贡马的次数，有 70 次左右。

互市是吐谷浑和中原王朝交流的重要方式，吐谷浑和唐朝的互市还有某种开拓性。据《旧唐书》记载，武德八年（625 年），吐谷浑请求互市，李渊诏准互市在湟源日月山举办。《资治通鉴》记载："至是资于戎狄，杂畜被野。"这为后来的茶马互市开了好头。

战争是吐谷浑马流向中原的又一渠道。《魏书·吐谷浑传》记载，北魏和平元年（460 年），伐吐谷浑拾寅，"获驼马二十余万"。556 年，突厥与西魏联手攻打吐谷浑夸吕王，获杂畜数万。《新唐书》记载，贞观九年（635 年），唐太宗遣李靖征讨吐谷浑伏允王，获牛马 40 万匹。

吐谷浑在和中原王朝的交流中，一方面壮大了自己的实力，另一方面也丰富了中原王朝的物质文化生活。在美国弗利尔美术馆，藏有一幅中国元代画家钱选的《杨贵妃上马图》。画中杨贵妃所骑的马就是"青海骢"，此马俊秀异常，身上布满美丽的菊花形图案，是典型的玉花骢，即青海骢。李白、杜甫的笔下，也有青海骢的身影。李白有诗："五花马，千金裘，呼儿将出换美酒。"杜甫写道："安西都护胡青骢，声价欻然来向东。此马临阵久无敌，与人一心成大功。"五花马和胡青骢也是青海骢。

吐谷浑从东北的白山黑水间，千里辗转来到青藏高原东部。他们建立的吐谷浑王国在我国西北存续了350年，最终融入了中华民族的大家庭里。吐谷浑集蒙古马、浩门马、中亚马的优良基因，培育出了闻名遐迩的青海骢。吐谷浑可谓是因马而西来，因马而兴起。放在历史的长河里看，吐谷浑和他们培育的青海骢，其实都是交流的结果，交流才是社会发展的不竭动力。

吐谷浑马献中原

——青海共和县魏晋南北朝伏俟城遗址

青海省海南藏族自治州共和县石乃亥乡铁加村西南，有一座古城遗址，名字叫作伏俟城遗址。古城坐落在布哈河南岸，南距石乃亥乡驻地 2.5 千米，东距青海湖边 7.5 千米。从远处望去，它就像是一个起伏的草坡，和周围的草原浑然一体。登上草坡看，现存遗址的主体也只不过是一座东西长220 米、南北宽 200 米的棋盘式城址。就是这个不起眼的古城遗址，却有一

▼伏俟城

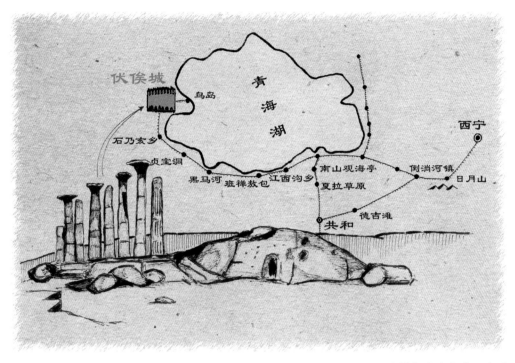

▲吐谷浑都城伏俟城示意图

个相当霸气的名字——伏俟城。"伏俟"为鲜卑语，汉语意思为"王者之城"。

"王者之城"并非虚名，它确实是 1500 年前赫赫有名的吐谷浑王城。

一

吐谷浑是我国古代西北少数民族之一，鲜卑族慕容部的一支。西晋太康五年（284 年），其部首领吐谷浑率部落 1700 户，由辽东（今辽宁彰武、铁岭一带）迁至枹罕西北的罕开原（今甘肃临夏回族自治州西北）。然后以此为据点，打败了周围的氐、羌部族。逐渐控制了东起洮水，西到白兰（一说今青海都兰、巴隆一带），南抵昂城（今四川阿坝）、龙涸（今四川松潘），北达青海湖一带。也就是今天的甘肃南部、四川西北及青海等地。吐谷浑的孙子叶延（329—351 年在位）为部族首领时，以"吐谷浑"作为姓氏、部族名和国号。

伏俟城成为吐谷浑的王城，是在吐谷浑的第 18 代王夸吕（535—591 年在位）即位以后。《北史·吐谷浑传》记载："伏连筹死，子夸吕立，始自号可汗。居伏俟城，在青海西十五里。虽有城郭而不居，恒处穹庐，随水草畜牧。其地，东西三千里，南北千余里。"虽说伏俟城是吐谷浑的王城，但由于吐谷

▲鲜卑人头上饰物马头鹿角形金步摇，吐谷浑曾是鲜卑慕容部的一支

浑是游牧民族，没有大规模筑城而居的习惯，他们更喜欢住在帐篷里。所以，从今天的遗址看，伏俟城的规模并不大。

吐谷浑人擅长养马，他们培养出了良种骏马青海骢，被称为龙种。《周礼·夏官·廋人》中说："马八尺以上为龙，七尺以上为騋，六尺以上为马。"龙种是指马的体型高大，还有精神健旺非凡之意，由此可见青海骢的确气度不凡。《北史·吐谷浑传》记载："青海周回千余里，海内有小山。每冬冰合后，以良牝马置此山，至来春收之，马皆有孕，所生得驹，号为龙种，必多骏异。吐谷浑尝得波斯草马，放入海，因生骢驹，能日行千里，世传青海骢者也。"《北史·吐谷浑传》的记述还是客观的，青海骢是以波斯种马与本地母马交配繁育而成。由于兼具这两种马的遗传优势，青海骢具有高大、神骏，而又耐劳、耐高寒的特点。除了青海骢外，吐谷浑还出"蜀马"。《晋书·吐谷浑传》："地宜大麦，而多蔓菁，颇有菽粟。出蜀马、牦牛。""蜀马"应是从巴蜀引入的一种体形小、耐劳、善走山地的马。甘青地区多山，这种马在物资运输中起着重要的作用。

二

吐谷浑自叶延立国（329年）到唐龙朔三年（663年）为吐蕃所灭，共335年，这期间中国处于东晋十六国到唐朝前期。在吐谷浑存世的300多年里，一直周旋于各政权之间，与各方发展经济、政治交往，以求得生存与发展。这其中，吐谷浑的马扮演了重要角色。

和周围的吐蕃、前秦、北魏等政权，以及随后的隋朝、唐朝相比，吐谷浑显得地贫国弱。于是，和中原政权进行各种形式的交往和交流，无疑是自保和提高国力的有效方式。早期吐谷浑和中原政权的贸易方式主要是贡赐贸易。贡赐除了经济因素外还兼具了政治内容，所以往往贡少赐多，吐谷浑很喜欢这种方式。《资治通鉴》记载，晋咸安元年（371年），吐谷浑向前秦苻坚一次送马5000匹，苻坚于是封吐谷浑王碎奚为安远将军、漒川侯。吐谷浑和北魏也保持着密切的贡赐贸易联系，《魏书·吐谷浑传》记载："终宣武至于正光，牦牛、蜀马及西南之珍，无岁不至。"吐谷浑当然也得到了北魏的厚赐。吐谷浑通过这种贡赐贸易方式也积累了大量的财富。吐谷浑的富有使北魏、北周都感到眼红，于是多次发动战争抢掠吐谷浑。如北魏和平元年（460年），魏将"定阳侯曹安表拾寅今保白兰，多有金银、牛马，若击之，可以大获"，随后魏"九月，诸军济河追之，遇瘴气，多有疫疾，乃引军还，获畜二十余万"。以劫财为目的抢掠友邦，北魏有些不地道。但我们从史料记载中倒是可以看出，吐谷浑牛马丰盈，并且和中原王朝以各种方式进行大规模的交流。

隋朝时，吐谷浑与隋朝和亲并贸易往来。隋开皇十六年（596年），隋文帝将光化公

▼卓尔山位于青海祁连八宝镇，紧靠八宝河与牛心山隔河相望

▲马在青海湖边悠闲散步

主嫁给世伏。结果世伏在吐谷浑内乱中被杀，其弟伏允被拥立为吐谷浑首领。经隋文帝同意，伏允又和光化公主结为夫妻。从此，吐谷浑向隋"朝贡岁至"，大量的吐谷浑马流入中原，隋也回赐不断。

　　为了巴结和迎合中原皇帝的喜好，吐谷浑充分发挥了他们善于驯马的特长，还专门驯养了用于玩赏的"舞马"。《宋书·鲜卑吐谷浑传》记载："（宋）世祖大明五年（461年），（吐谷浑王）拾寅遣使献善舞马、四角羊。"同时，吐谷浑舞马也进贡到中原北部地区，《北史·吐谷浑列传》记载："西魏大统（535—551）初，周文遣仪同潘潗喻以逆顺之理，于是夸吕再遣使献能舞马及羊、牛等。"

三

　　继贡赐贸易和绢马互市以后，茶马互市逐渐成为中原王朝和边疆民族贸易往来的主要形式。早在公元634年，唐蕃赤岭（今日月山）互市之前，唐就与吐谷浑开始了以茶易马的商贸活动。一般认为，茶马贸易制度化是在北宋神宗年间，但唐朝时茶马贸易已经开始。虽然从史料记载中无法确定唐朝参与互市的主要商品是茶叶还是丝绢，但我们可以肯定，吐谷浑的主要贸易商品是马匹。

据《青海风物·联姻通好》记载：唐朝初年，在平定了盘踞金城的薛举后，以送回被隋留作人质的伏允长子慕容顺为条件，唐朝遣使约吐谷浑夹击盘踞凉州的大凉王李轨。唐高祖武德二年（619年），吐谷浑王伏允出兵助唐灭李轨，唐送慕容顺回青海地区，唐朝和吐谷浑建立了友好关系。

武德八年（625年），唐派大德郡公李安远到青海地区与吐谷浑讲求和好。李安远与吐谷浑王伏允达成协议，互市于承风戍（一说为今青海省贵德境内）。《册府元龟》中记载："武德八年（625年），吐谷浑款承风戍各请互市，并许之。"唐朝与吐谷浑承风戍互市对双方都带来了积极的影响，尤其是对经历了长期战乱刚刚建国的唐朝。《资治通鉴》中记载："是月，突厥、吐谷浑各请互市，诏皆许之。先是，中国丧乱，民乏耕牛，至是资于戎狄，杂畜被野。"可见，唐与吐谷浑互市。吐谷浑的马、牛和羊被交换到内地，对唐初社会经济的恢复与发展起到了积极的推进作用。而内地的丝、茶及日用品，也源源不断进入吐谷浑，满足了吐谷浑的生活和经济需要。

古老的伏俟城在青海湖边的草原上静静地沉睡了1000多年，它见证了这个王国的辉煌，也见证了吐谷浑王国的衰落。站在遗址旁的草坡上，我们完全可以想象：1500多年前，一队队骑着青海骢的吐谷浑人赶着成群的马匹，向着东方，行走过我们目光所及的地方。

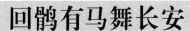

回鹘有马舞长安

——《旧唐书·回纥传》

"渔阳鼙鼓动地来，惊破霓裳羽衣曲。"公元 755 年，注定会成为唐朝的噩梦。这一年的冬天，身兼范阳、平卢、河东三个藩镇节度使的安禄山发动叛乱。叛军一路势如破竹，攻占唐朝都城长安。唐玄宗仓皇出逃四川，途中在马嵬坡与杨贵妃阴阳两隔。公元 756 年，李亨在灵武继位，称肃宗，遥奉玄宗为太上皇。危难之际，唐肃宗向回纥借兵平叛。回纥葛勒可汗随即派自己的儿子叶护和将军帝德，率领骑兵入唐勤王。随后，唐军逐渐扭转了战场上的不利局面。公元 763 年，安史之乱终于被平定。这场战乱，结束了盛唐的神话，百年帝国从此衰落。

由于对唐朝有再造社稷之功，作为回报，唐政府规定以唐绢买回纥马。由此开始了唐朝与回纥之间长期的绢马贸易和随后的茶马贸易。

——

回鹘即回纥，由回纥改名而来。回纥是铁勒诸部的一支，居住在土

▼图为回纥第二任首领葛勒可汗，曾娶唐朝宁国公主为妻

▲吐鲁番壁画中的回鹘壁画，受中原以及波斯和犍陀罗的影响较大，有很高的艺术价值

剌河（今蒙古中北部）北，一度臣属于突厥汗国。公元743年，在唐朝的帮助下，回纥灭突厥。公元743年，建立了回纥汗国。这时回纥控制的地区，东起今额尔古纳河，西至今伊犁河流域，势力强盛。公元788年，回纥改名回鹘，取"回旋轻捷如鹘"之意。公元840年，回鹘汗国瓦解。居住在漠北的回鹘部落大部分南下华北，后融合于汉族和其他北方民族之中。

其余部分分三支西迁。一部分迁至吐鲁番盆地，称高昌回鹘或西州回鹘。西州回鹘又向西发展，以高昌（今新疆吐鲁番）为中心，建立了高昌回鹘政权。一部分迁至葱岭西楚河（今吉尔吉斯斯坦和哈萨克斯坦境内）、七河流域一带。该部回鹘和当地其他突厥语民族组成喀喇汗王朝，又称为葱岭西回鹘。还有一支南下至河西走廊，史称甘州回鹘或河西回鹘。

《旧唐书·回纥传》记载，回纥人"居无恒所，随水草流移"，从事游牧的畜牧业。回纥部落的牧地在乌德鞬山（今蒙古国杭爱山脉）北，即今鄂尔浑河流域一带。在回纥的畜群中，数量最多的是羊，而最重要的是马。回纥马体型中等，长于驰骋。马是回纥的交通工具，又是骑兵冲锋陷阵的武器装备，并提供马奶、马肉、马皮等生活资料。马还是回纥的主要出口商品，每年向唐朝输出的马匹数以万计。可以说，在唐朝和边疆部族的马匹交流中，回纥马占的比重是最大的。

二

回纥在唐初的时候就归附唐朝，唐太宗时就曾在回纥地区设"瀚海都督府"，所以与唐朝一直保持着友好关系。回纥人不仅帮助唐朝平定安史之乱、收复两京，还助唐从吐蕃手中夺回北庭。特别是回纥在平定安史之乱过程中为唐立过大功，绢马贸易就成为朝廷对其战功的一种奖赏。

《旧唐书·回纥传》记载："回纥恃功，自乾元（758—760）之后，屡遣使以马和市缯帛，仍岁来市。以马一匹易绢四十匹，动至数万马。"一匹马换取40匹绢，马价明显高于市场价格。

《新唐书》和《旧唐书》中有多处唐朝与回纥（回鹘）绢马交易的记载：德宗贞元三年（787年），归其马价绢 5 万匹……八月，其马价物，且付 12 万匹。贞元六年（790 年），赐马价绢 30 万匹。八年给市马绢 7 万匹。宪宗元和十年（815 年），以绢 10 万匹偿回鹘之马值。十二月，以绢 9 万匹，偿回鹘之马值。穆宗长庆二年（822 年）二月，以绢 5 万匹，偿回鹘之马值。文宗太和元年（827 年）三月，内出绢 20 万匹赐回鹘充马值。六月，以绢 20 万匹，充回鹘马值。太和二年（828 年），赐马值绢 50 万匹。太和三年（829 年）以绢 23 万匹赐回鹘充马值。从以上史料可以看出，唐与回纥（回鹘）双方绢马交易非常频繁，并且双方交易量很大。

大家可能会有疑惑，回纥通过绢马交易获得如此多的丝绢做什么用呢？毕竟这么多的丝绢回纥人自己是用不完的。

回纥早先很少从事商业活动。但是自从公元 743 年回纥汗国建立

▼莫高窟回鹘王子供养像，虽然褪蚀剥落，但色彩清晰逼真，有重要的史料价值

以后，有许多中亚的粟特人前来经商，促进了回纥商业的发展。公元 8 世纪中叶以后，吐蕃侵占河西，唐朝与西域的交通往来，只能通过北面的"回鹘路"。这使回纥得以控制商道，并垄断中国和西方各国之间的中转贸易。回纥通过互市从唐朝得来的丝绸大量销往西方，这使得回纥贵族和依附于回纥的粟特商人大发其财。

▲西安胡人骑马俑，可以看出唐与周边地区的交往频繁

三

唐代中后期，在绢马贸易的基础上，茶马贸易也开始出现。唐代互市的内容进一步丰富，史书记载茶马互市正是始于唐与回鹘的交往。

我国有关茶叶的记载比较早，而茶叶作为与人们生活息息相关的必需品，则是唐代或准确说是中唐以后的事。晚唐的杨晔在《膳夫经手录》中说："茶古不闻食之，近晋、宋以降，吴人采其叶煮，是为茗粥。至开元天宝（713—756）之间，稍稍有之，至德大历（756—779）遂多，建中（780—783）以后盛矣。"《封氏闻见记》记载，唐代除南方盛产茶叶并普及饮茶外，中原地区也无处不卖茶和饮茶。不仅如此，唐朝中后期饮茶已经到了"穷日尽夜，殆成风俗，始自中地，流于塞外"的程度。

唐朝饮茶之风，也逐渐向回鹘蔓延。《新唐书·陆羽传》就记载，回鹘"其后尚茶成风，时回纥入朝，始驱马市茶"。这是我国历史上有关茶马互市的最早记载。但是，这一时期的互市中茶马交易并不普遍，茶叶还只是少数民族上层享受的高级奢侈品，普通牧民一般还无缘享受茶叶。《封氏闻见记》中也有"往年回鹘（纥）入朝，大驱名马市茶而归，亦足怪焉"的记载。可见，当时唐代的茶马互市还是不常见的，还处于初期阶段。

随着回鹘人饮茶习惯的养成，唐朝与回鹘茶马贸易量就越来越大了。甚至他们已经不满足于仅仅饮茶，而且想要进一步了解茶文化的有关信息。

野史中就有一则"千匹良马换《茶经》"的故事：唐朝末年，各路藩王割据与朝廷对抗，唐朝皇帝为平定叛乱急需马匹。这年秋季，唐朝使者又与回纥使者相会在边界上以茶易马。这次回纥使者却提出，不想直接换茶，而要求以1000匹良马换一本《茶经》。但那时陆羽已逝，其《茶经》尚未普遍流传。唐朝皇帝急命使者千方百计寻查，到了陆羽写书的湖州苕溪，又到其故里竟陵（今湖北天门市），都没有找到。最后，还是由大诗人皮日休捧出一个抄本，才换来马匹。这个故事不知是真的还是来自民间虚构。但它说明，唐代后期茶叶在回鹘牧区开始比较流行，回鹘人的茶知识已经相当丰富。回鹘不仅仅只是需要中原地区的茶叶，而且对于茶叶的产地、质量、生产、加工、饮用等方面的信息也很感兴趣。可以说，回鹘人对于茶叶的认识提高到一个新的高度。

通过唐与回鹘的绢马贸易和茶马贸易，大量的回鹘马匹流入唐朝，以至于出现了"回鹘衣装回鹘马"的社会潮流。此外，唐朝与回鹘的交流，已经超出了中原和边疆互通有无的经济意义。由于回鹘所获得的绢帛，有相当部分是用于出售至中亚以西的国家和地区，这客观上也促进了中国和西亚的经济文化交流。

茶马互市日月山

——青海湟源日月山

　　赤岭，今天叫作日月山。它坐落在青海省西宁市湟源县西南 40 公里，距西宁市区约 90 公里。从地理位置和生态环境看，这里简直天生就是为边境贸易而生。它地处黄土高原与青藏高原的叠合区，东侧是农业区，良田万顷，一派江南风光；西侧是一望无际的草原牧场，牛羊成群，一幅塞外景色。不同的地理环境，使日月山两边各有不同的丰富物产。东部农区，有西部游牧

▼日月山，唐代称赤岭，是农区和牧区的天然分界线，历来有"草原门户"之称

▲唐高祖武德八年（625年），李渊派广德郡公李安远到青海日月山与吐蕃通好，开设马市

民族需要的农产品与各种生产和生活必需的手工业品。西部牧区，则盛产东部农耕民族需要的马、牛、羊等畜产品和皮毛、乳酪等，特别是对经济和军事都有特别意义的马匹。带着各自的物产和友好的愿望，于是东部的农耕民族和西部的游牧民族不约而同地向对方走去，赤岭（日月山）自然就是双方的会面地。于是，这里就见证了会盟、和亲、战争、"茶盐"互市、"茶马"互市等众多的历史事件，唐蕃赤岭互市成为史书中浓墨重彩的一笔。

一

东晋至唐朝前期，赤岭一带属于吐谷浑的领地。早在唐蕃互市之前，唐朝就与吐谷浑在赤岭一带开始了互市的商贸活动。唐高祖武德八年（625年），唐朝就曾派广德郡公李安远来青海湖、日月山一带与吐谷浑通好，双方达成互市协议。这件事情在《旧唐书·李安远传》中有记载："使于吐谷浑，与敦和好，于是，吐谷浑主伏允请与中国互市，安远之功也。"

公元630年，活动在今西藏山南的雅隆部首领松赞干布统一了青藏高原上的各部落，建立了吐蕃王朝。唐高宗龙朔三年（663年），向北扩张的吐蕃进入河湟地区，灭了吐谷浑。吐蕃占有吐谷浑后，其北部边境直接与唐河陇地区相接，唐朝和吐蕃就没有了吐谷浑的缓冲，双方直接面对了。为了控制西域和青海地区，唐朝和吐蕃在吐蕃王朝存在的200多年里，发生了多次战争。

唐朝和吐蕃间虽然有战争，但交流、友好还是主流。这期间，就有两次历史上著名的唐蕃和亲。唐贞观十五年（641年），松赞干布迎娶了唐朝宗室女文成公主，唐蕃因此建立了密切的关系。唐中宗景龙四年（710年），应吐蕃赞普尺带珠丹的要求，金城公主入蕃和亲。唐蕃和亲大大地推动了双方的经济、文化甚至是制度交流。正是在金城公主的推动下，唐蕃在赤岭互市并划界。史书记载："金城公主请唐与吐蕃立分界碑，许之。"

二

唐开元十九年（731年），吐蕃请求与唐朝在赤岭互市。《新唐书·吐蕃传》是这样记载的："吐蕃又请交马于赤岭，互市于甘松岭。宰相裴光庭曰：'甘松中国阻，不如许赤岭。'乃听以赤岭为界，表以大碑，刻约其上。"赤岭即今青海湟源县西日月山，甘松岭在今四川松潘县境。唐朝考虑到甘松岭已在内地，

▼青海湟源赞布林卡的壁画绘有唐太宗为文成公主送行的画面

吐蕃互马的庞大马队深入，会对国家安全构成威胁。所以，唐蕃互马和互市都定在了赤岭。

唐蕃赤岭互市被一些学者认为是"茶马互市"的开端。有一点是毫无疑问的，那就是吐蕃参与互市的标的物是马匹。唐朝互市的主要标的物是茶还是绢，学术界是有争议的。

茶马互市是农耕民族与游牧民族之间的以物易物的一种特殊性贸易形式，系一种互补型经济交往。茶马互市兴起于我国唐宋，发展于明朝，衰落于清代，维系时间长达千余年之久。但在茶马互市之前，绢曾经扮演过重要角色。初唐时，唐朝的良马来源主要取之于吐谷浑及党项所在的今甘、青、川边一带。当时唐以缣一匹换良马一匹，故谓之"缣马贸易"。缣是一种质地细密的绢。唐蕃赤岭互市时，也有以一缣易一马之说。随着饮茶之风传入游牧地区，茶逐渐取代绢成了互市的主角。有记载说，茶在公元733年的唐蕃赤岭互市之前，就已经出现在了唐蕃互市当中。《青海通史》中就写道："开元初，牧马下降到24万匹，玄宗任用王毛仲为太仆卿主持马政，与吐蕃在赤岭互市，以茶、绢等易马，开元十三年（725年）官马又发展到43万匹。"

▼日月山下，明清时期的贸易重镇湟源古城

所以赤岭互市已经有了"茶马互市"的特点，但也有"缣马贸易"的内容。随着饮茶之风在吐蕃地区的兴起，茶马在互市中的比重越来越大。

三

唐开元二十二年（734年），唐与吐蕃遣使于赤岭划界立碑，定点互市以后，赤岭就成了唐蕃古道上的重要贸易集市。

青海自古就是重要的产马之地。吐谷浑人培育的青海骢在唐代仍驰名于世，在唐宫廷中备受青睐。在《吐谷浑和青海骢》一文中，我们提到过，元代画家钱选的《杨贵妃上马图》，画中杨贵妃所骑的"玉花骢"就是典型的青海骢。产于今青海省黄南、海南等地区的"河曲马"，自秦朝以来一直是中原王朝喜欢的名马。还有门源、大通一带的浩门马，一直是唐朝战马的重要来源。自赤岭互市后的十多年中，唐王朝获得数十万计的青海良马，军马得到了极大补充。

其实唐朝建立之初就在赤岭一带和吐谷浑进行了互市。据《青海通史》记载，唐太宗时就在赤岭设立官方互市，以茶换取战马和耕牛，从贞观到麟德（627—665）将近40年间，唐朝的官马发展到70.6万匹。唐朝宰相张说（667—731）撰《大唐开元十三年陇右监牧颂德碑》："置八使以董之，设四十八监以掌之。跨陇西、金城、平凉、天水四郡之地，幅员千里，犹为隘狭，更析八监，布于河曲丰旷之野，乃能容之。于斯之时，天下以一缣易一马，秦汉之盛，未始闻也。"文中"河曲丰旷之野"即今青海黄南、海南和果洛藏族自治州北部一带。《新唐书·吐蕃传》记载，唐中宗景龙四年（710年），唐朝金城公主嫁往吐蕃，唐朝以公主嫁妆使吐蕃，得河曲九曲之地为"汤沐地"。于是，黄河河西九曲之地割让给吐蕃，影响到唐官马的发展。开元初，牧马下降到24万匹。玄宗任用王毛仲为太仆卿主持马政，与吐蕃在赤岭互市，以茶、丝绢等易马，开元十三年（725年）官马又发展到43万匹。

唐蕃赤岭互市，使唐朝和吐蕃之间建立起了持久的经济往来和联系。农耕区和游牧区两大经济区互通有无，客观上促进了边疆经济的开发，也丰富了双方的物质和文化生活。经济的往来必定会推动政治和文化交流，吐蕃和中原王朝的交流可以说是在唐朝拉开了大幕。这些交流可以说是联系中原地区和吐蕃地区的千丝万缕的纽带，逐渐使双方你中有我，我中有你，不可分离。

贡马来自渤海国

——黑龙江省博物馆藏唐代《渤海国骑马铜人》

　　在黑龙江省博物馆，有一件小巧精致的铜像，叫作《渤海国骑马铜人》像。这件文物1977年出土于黑龙江省东宁县团结遗址，为唐代渤海国的文物。骑马铜人长6厘米、高5厘米，马尾部像被束成了结。马上人物头戴幞头，面部模糊，上身直立坐于鞍上，双臂上下伸展。根据人物形态服饰及马尾形状等，可以推测这件文物上的人物正在打马球。铜像造型具有明显的唐代风格。东北地区的渤海国出现打马球的骑马铜人像，而马球是唐代皇室喜欢的一种运动。可以推测此时的渤海国受到了唐朝文化的影响，也说明这个时期中原王朝和东北地区有广泛的文化和经济交流。马匹在交流中自然不会缺席。

—

▼渤海国骑马铜人像，纤巧生动，栩栩如生

　　靺鞨，隋唐时期的中国少数民族。靺鞨自古生息繁衍在东北地区，先世可追溯到商周时的"肃慎"和战国时的"挹娄"，北魏称"勿吉"，隋唐时写作靺鞨。靺鞨是他们的第一个自称，意思是"林中人"，"肃慎""挹娄""勿吉"

是他称。辽宋时期他
们恢复了最早的"肃慎"
名称，汉语中称之为女
真。清朝建立后，清太
宗皇太极将已经统一的
本民族从龙66部各自
的自称统一废除，改族
名女真为满洲。

　　靺鞨初有数十部，
后逐渐发展为七大部，
分别为粟末靺鞨（与古
高丽相接）、伯咄部（在
粟末部之北）、安车骨
部（在伯咄东北）、拂
涅部（在伯咄东）、号室
部（在拂涅东）、黑水部
（在安车骨西北）、白山
部（在粟末东南）。

　　粟末靺鞨部居靺
鞨的最南方，"粟末"就

▲公元713年，唐玄宗派遣崔忻任鸿胪卿，出使震国（靺鞨）

是"速末"的转写，"速末水"就是松花江，粟末靺鞨其实就是松花江沿岸的靺
鞨人。粟末靺鞨在唐初就已归附于唐。7世纪末，粟末靺鞨首领大祚荣统一各
部落（确切地说，是统一附唐的各部落），建立了政权。唐先天二年（713年），
唐玄宗封大祚荣为渤海郡王，加授渤海都督府都督。从此，粟末靺鞨就以渤海
为号。"渤海国"的名称来自于唐朝所赐的"渤海郡王"封号。关于为什么称为
"渤海国"有不同的说法，大家比较认同的有两种：金毓黻教授认为"渤海"是
"靺鞨"的音近变音；赵评春教授认为渤海并非特指某一海域，而是对东方大
海的泛称，唐朝以其东濒大海而命名为"渤海"。

交
流
卷

▲渤海良马进入中原后，朝廷会回赐丰厚的物品

　　关于渤海国的疆域，《新唐书·渤海传》有一个大致的描述："南比新罗，以泥河为境，东穷海，西契丹……地方五千里。"也就是相当于南以浿水（今朝鲜大同江）和泥河（今朝鲜龙兴江）与新罗为界，北抵今三江平原一带，北与黑水靺鞨相接，东临日本海，西至今吉林与内蒙古交界的白城、大安附近，接壤契丹，是当时东北地区幅员辽阔的强国。

二

　　靺鞨族素来有养马传统，其祖先挹娄人就以出产牛、马著称于汉代，史籍中称其"有五谷、麻布"。渤海王国建立后，养马技术更臻成熟，死者土葬时，都要"杀所乘马以祭"。可见马已成为其日常生活所必需之家畜。而率宾府（今黑龙江省绥芬河流域一带）出产的马，更是被视为天下名马。

　　自接受唐朝的册封后，渤海国为了表达对唐中央王朝的恭顺，不畏旅途遥远艰辛，坚持按例向中央王朝朝贡，进献方物。从第一代王大祚荣开始，历代国王都恪尽自己作为封国、羁縻府对朝廷应尽的义务。据李德山在论文《国际史学界对六至九世纪中国东北边疆民族与中央王朝关系史研究述评》中的研究成果:《新唐书·北狄传·渤海传》有不完全的统计,在其立国的200多年间,朝贡就达99次之多。根据《册府元龟·外臣部·朝贡》的记载,朝贡次数有140多次,平均一年多就朝贡一次,有时一年里竟达五六次。朝贡次数的繁多,证明渤海国与中央王朝的关系是亲密的。

渤海国贡献唐朝的土特产品,主要有貂皮、名马、昆布(又称黑菜、鹅掌菜,类似海带)、鹰、鱼、玛瑙杯、紫瓷盆等等。渤海国的马匹通过朝贡这种方式不断流入中原。《旧唐书·北狄传·渤海靺鞨传》记载了渤海国向唐朝进贡的情况"每岁遣使朝贡","或间岁而至,或岁内二三至者"。在渤海国王进贡唐朝的土特产品中,马一直是重要贡品之一。《册府元龟·外臣部·朝贡》记载,开元十八年(730年),渤海国一次向唐朝贡马"三十匹"。

当然,唐朝回赐更加丰厚,主要物品有绢、帛、锦彩、金银器皿、朝服、彩带等等。唐朝对渤海王国的朝贡,除了给予丰厚的物质回报外,还对其来使进行封官赐爵,使他们高兴而来,满意而归。

三

直接进行商业贸易也是渤海国和唐朝交流的一个方式。渤海国和唐朝通过贡赐进行物品交流外,唐政府为了方便与渤海国的贸易,还在登州和青州设立了专门的互市场所,进一步密切了东北与内地的经济交往。公元762年,唐朝政府设置了"渤海馆",以专门的机构来专门管理与渤海国的商业贸易活动。由于唐朝政府的限制,马匹作为战略物资是不能随意买卖的,但是,民间的马匹走私依然存在。

唐朝中期开始,唐朝开始出现藩镇割据的现象。由于河北一带与

▼辽宁朝阳黄河路唐墓出土的粟末靺鞨俑,出土时虽已剥蚀,但仍可见到施彩的痕迹

东北地区经济等方面往来甚多，所以藩镇节度使总是设法利用这种关系，想办法获得渤海国的马匹。安史之乱以后，唐朝不断向藩镇下放权力。唐代宗时期，驻青州的节度使李正己兼任"押新罗、渤海两蕃使"，李正己于是就利用这个便利从渤海获取马匹。《旧唐书·李正己传》记载，当时李正己所统今山东半岛"货市渤海名马，岁岁不绝"。这也是渤海国马匹流入中原的一个方式。

除了和唐朝进行交流外，渤海国和契丹也进行着包括马匹在内的经济交流。渤海国与契丹的贸易，是通过扶余府（今吉林省农安县）来实现的。《新唐书·渤海传》记载："扶余，契丹道也。"即从今农安、德惠，至辽宁省昌图、西丰一带。渤海人很早就开始用丝绸、麻布、鹿、马、羊、貂皮、蜂蜜、海东青、金、铁、胶鱼皮等土特产品与契丹人进行贸易。契丹人建国后，渤海国曾以贡物的方式同契丹人进行了官方往来。史籍记载，"辽太祖神册三年（918年）二月，渤海遣使来京"。《契丹国志》记载，渤海国灭亡后，渤海遗民仍"岁贡契丹

▼浮雕《渤海国兴亡史》，大祚荣698年在牡丹江镜泊湖畔建立震国

国细布五万匹，粗布十万匹，马一千匹"。只不过这时的渤海国已是东丹国了。

　　贸易就是如此，由于两族相邻且商品有互补性，贸易自然就会发生。原渤海国的马匹流入契丹，契丹的马匹也会流入中原。马匹的交流只要符合双方的需求就不会停滞。

　　唐朝中央政府和渤海国之间的交流，虽然有民间贸易，但官方的贡赐贸易是主要的交流方式。从唐朝的角度讲，与渤海国交往的政治意义远远大于经济意义。换句话说，这种交流实际就是中央对边疆的一种羁縻手段。但这丝毫不妨碍中原和东北地区马交流的积极作用。遥想当年，在北风呼号、千里冰封的北国大地上，一支马队由东北正向西南方向的长安进发。这只马队就像一条纽带，它连起的不仅是渤海国和唐朝，更是连接了中华民族的肢体和心脏。

唐马出土于吐鲁番

—— 新疆吐鲁番阿斯塔那唐墓鞍马俑

1972 年，新疆吐鲁番阿斯塔那唐墓出土了一尊彩绘泥塑鞍马俑。鞍马俑高 76 厘米，淡青色。俑马头比较小，双眼有神，颌面平宽。马的耳朵小且竖立，曲颈厚实有力。马的躯干壮实，背长腰短，四肢蹬踏有力。从外形看，这是一匹神采飞扬、形体俊美的"战马"。此外，这匹马还配有桥形的马鞍。阿斯塔那唐墓中的骏马，多为丰筋肉少、高大雄健的"西域良马"。包括中亚

▼唐代彩绘泥塑鞍马俑，新疆维吾尔自治区博物馆藏

在内的西域地区，自古就盛产良马。与中原马相比，西域骏马普遍体型高大健壮、四肢修长。除了这尊彩绘泥塑鞍马俑外，还出土了一批泥塑的西域骏马。这些西域骏马，曾经在汉朝时流入中原，对汉朝马匹的改良和在战场上击败匈奴起到了关键作用。汉朝之后，虽然数量不大，但这些雄健的西域骏马仍然在不断地流入中原。

▲出土于新疆的唐代彩绘骑马武士泥俑

———

大宛，古代中亚国名，在今乌兹别克斯坦费尔干纳盆地。大宛以产汗血马著称。早在西汉时，汉武帝为了获得汗血马不惜发动对大宛的战争，终得"善马数十匹，中马以下牡牝三千余匹"而归。西汉之后，魏晋一直到元朝，都有汗血马流入中原的记载。

曹魏时期，曹植《献文帝马表》就说："臣于先武皇帝世，得大宛紫骍马一匹，形法应图，善持头尾，教令习拜，今辄已能。又能行与鼓节相应。"文中提到的紫骍马就是一匹汗血马，大宛通过朝贡方式献给曹操，而被曹操的小儿子曹植得到。据记载，曹植的这匹紫骍马毛发呈赤色，比寻常成年马要高出半个头，奔驰速度极快，经调教还可依鼓声节奏踏步。《梁书·张率传》就有"怀夏后之九代，想陈王之紫骍"的词句。

据《三国志·三少帝纪》记载："（咸熙二年九月）闰月庚辰，康居、大宛献名马，归于相国府，以显怀万国致远之勋。"咸熙二年（265 年），是三国时期曹魏的君主魏元帝曹奂的第二个年号。就是在这一年，曹奂被迫禅位于司马炎，曹魏灭亡，晋朝建立。

西晋时仍置西域长史，负责西域事务。《晋书·世祖武帝纪》记载："（泰始六年）九月，大宛献汗血马。"

▲新疆阿斯塔那古墓群有 500 多座古墓，被称为地下博物馆

在唐代，中原与西域诸国的关系密切。唐玄宗曾将和义公主嫁给了宁远（大宛）国王，宁远国王则向玄宗献了两匹"胡种马"（即"汗血宝马"）。玄宗为两马取名为"玉花骢"和"照夜白"，当时的画马高手韩幹还给它们画了像，这就是流传至今的唐代名画《照夜白图》。

据宋李石《续博物志》卷四记载，唐天宝中，大宛进贡汗血马六匹，一曰红叱拨，二曰紫叱拨，三曰青叱拨，四曰黄叱拨，五曰丁香叱拨，六曰桃花叱拨。唐玄宗亲自为之"制名"，"曰红玉辇，曰紫玉辇，曰平山辇，曰凌云辇，曰飞香辇，曰百花辇"。此处提到的 6 匹汗血马名中的"叱拨"，在唐代是流布甚广的外来词，读音源于中古波斯语，意思就是"马"，这种叫法至宋朝还在使用。

二

其实，在魏晋南北朝时期，除大宛以外，其他西域各国也不断向中原王朝献马。

西域于阗国曾献马给曹魏政权，《梁书·于阗传》记载："于阗国，西域之属也……魏文帝时，王山习献名马。"于阗，西域古国名，即今新疆维吾尔自治区和田县，位于塔里木盆地南缘。魏文帝即曹丕，曹操的次子，也是曹操与正室卞夫人的嫡长子。魏文帝曹丕是曹魏的开国皇帝，他在位时，于阗国献来西域良马。北周时也曾得到西域于阗国名马，《周书·武帝纪》上记载，建德三年（574年）十一月，"于阗遣使献名马"。

《晋书·四夷传·西戎传》记载"康居国"时说："地和暖，饶桐柳蒲陶，多牛羊，出好马。泰始中，其王那鼻遣使上封事，并献善马。"康居是古代生活在中亚地区的游牧民族，活动范围主要在今哈萨克斯坦南部及锡尔河中下游。康居国和大宛临近，也是最早与汉朝建立联系的西域诸国之一。康居也是西域盛产名马的地方，西晋时曾向中原王朝献马。

焉耆，古西域国名。地处博斯腾湖西北岸，在今新疆焉耆回族自治县一带。焉耆也盛产良马，称"焉耆马"，以走马著称，适骑乘，速力佳。可能是靠近博斯腾湖的缘故，焉耆马还善游泳，能游四五十里，号称"海马龙驹"。《魏书·西域传》记载，焉耆国，"畜有驼马"。焉耆是西域小国，一直保持着和中原政权的良好关系，时常遣使以焉耆马奉献。《周书·武帝纪》记载，（保定）四年七月戊寅，"焉耆遣使献名马"。

魏晋南北朝时期中原王朝还通过战争从西域获得良马。

北魏通过战争从焉耆国获得大批良马。《魏书·

▼唐代彩绘泥塑马俑，新疆维吾尔自治区博物馆藏

西域传》记载，焉耆国"恃地多险，颇剽劫中国使"。北魏太武帝命成周公万度归讨之，"获其珍奇异玩殊方谲诡不识之物，橐驼马牛杂畜巨万"。

龟兹，中国古代西域大国之一，其国都在今天的新疆库车县。最盛时疆域相当于今新疆轮台、库车、沙雅、拜城、阿克苏、新和六县市。汉朝时为西域北道诸国之一，唐代安西四镇之一。龟兹国也出"良马"。北魏太武帝时，万度归击破焉耆后，又率骑一千击龟兹，斩二百余级，"大获驼马而还"。太和二年（478 年）龟兹国献名驼龙马珍宝。

三

除了从西域获得骏马以外，魏晋南北朝时期还曾经从阿拉伯地区获得良马。阿拉伯马是世界上古老名贵的马种之一。它们在两河流域，也就是今天叙利亚、伊拉克和伊朗地区的绿洲生息繁衍，阿拉伯半岛的一些地区也有分布。阿拉伯马体型高大俊美，性情和蔼、聪颖，耐力极强，历来都被人们视为珍宝。虽然远隔万里，但中国古代得到过阿拉伯马。

《北史·吐谷浑传》记载说："吐谷浑尝得波斯草马，放入海，因生骢驹，能日行千里，世传青海骢者也。"也就是说，在公元 4 世纪的时候，吐谷浑就利用处在丝绸之路要冲的有利地位，获得过波斯草马。波斯草马就是阿拉伯马。然后，吐谷浑利用阿拉伯马的优良基因培育出了名闻天下的青海骢。

北魏时，通过民间交易，中原地区也曾从波斯购买到阿拉伯马。北魏杨衒之的《洛阳伽蓝记》记载，元琛任秦州刺史，"遣使向西域求名马，远至波斯国，得千里马，号曰'追风赤骥'。次有七百里者十余匹，皆有名字。以银为槽，金为锁环，诸王服其豪富"。阿拉伯马贵重难得，所以元琛才以银为槽，以金为锁环。

自汉以后，西方的马匹不断东来，有久负盛名的汗血马，也有同样优良的焉耆马、龟兹马，阿拉伯马虽远在万里之遥，也从丝绸之路上踏步而来。西方马匹的东来是贸易交流的重要内容，同时也是政治军事和贸易文化的需要。马作为当时的主要交通工具，所承载的不仅是中西贸易交流，更是精神文化的交流，这正是丝绸之路开通后对于东西方文明所产生的重大意义所在。

奚族良马献大唐

——北京房山《唐归义王李府君夫人清河张氏墓志》

1993 年，北京市房山区第一医院出土了一座唐代砖室墓。该墓早年被盗，男主人墓志仅存志盖，上书"李府君墓志"，女主人墓志则被完整地保存了下来。保存下来的女主人墓志志盖呈覆斗形，72 厘米见方，厚 14 厘米，中间文篆书"故归义王李府君夫人故贝国太夫人张氏墓志铭"，周围绘十二生肖，四角刻牡丹纹。座 72 厘米见方，厚 14 厘米，正面行楷书墓志铭并序。经考证，李府君就是奚族首领李诗。这个李诗担任过饶乐府都督、归义都督府都督和归义王。"归义"，就是归顺向化的意思，往往被用作降附地区民族首领的名字和封号。也就是说，这座墓就是归顺唐朝的奚族首领李诗及夫人的合葬墓。奚族作为东北地区一个不大的古代部族，和中原政权也一直有马匹的交流。

一

奚，本名库莫奚，是中国北方古代部族。学者研究后认为，奚应为东部鲜卑宇文部的一支。南北朝时自号库莫奚，隋唐简称为奚。库莫奚一词是鲜卑语音译，为今蒙古语"沙""沙粒""沙漠"之意。北魏时期，奚族人的居地范围在弱洛水（今内蒙古西拉木伦河南）、吐护真水（今内蒙古老哈河）流域。辽代一度归附契丹。直到元代逐渐融于北方民族，史籍才不见记载。

奚族世代以今西拉木伦河和老哈河流域为主要活动区域。这一地域的自然环境优良，水草丰美，气候凉爽。由于奚族早期就有随逐水草、迁徙无常的生活方式，所以畜牧业生产是他们早期的主要生计。据中国人民大学的王丽娟研究，奚族自出现到没于文献记载，畜牧业一直是其主要的经济类型。奚族的

▼唐代将公主三次嫁给奚酋示意图

公元717年固安公主嫁给奚酋李大酺 ❶

公元726年东光公主嫁给奚酋李鲁苏 ❷

公元745年宜芳公主嫁给奚酋李延宠 ❸

❶ 饶乐都督府

❶ 西京

畜种以马、牛、羊（多黑羊）、驼、豕为主。奚族马匹品质优良，据《新五代史》记载，奚"马趫前蹄坚善走，其登山逐兽，下上如飞"。

奚族在商朝时期就与中原王朝建立了联系，甲骨文中就可以见到对奚族的记载。在一片殷墟甲骨卜辞中写道："甲辰卜，㱿（贞），奚来白马，王固曰：吉。其来马，五。"意思是说，占卜说奚族要来贡马，后来奚族果然送来马五匹。可见，自古马就是奚族特别珍贵的特产，至少在商朝时奚马就通过朝贡的方式进入到了中原地区。

二

南北朝时期，我国北方和东北地区各民族特别活跃。北方各民族此间纷纷建立政权，民族间的交流也相当频繁。奚族这个时期通过战争、贡赐贸易和互市等形式，和中原政权保持着联系，奚马也在此时大量流入中原。

《魏书·库莫奚传》记载，北朝时期，北魏登国三年（388年）道武帝拓跋珪征伐库莫奚，"太祖亲自出讨，至弱洛水（今西拉木伦河）南，大破之，获其四部落，马牛羊豕十余万"。《北齐书·文宣纪》记载，北齐天保三年（552年）春正月丙申，文宣帝"亲讨库莫奚于代郡（今山西省大同市），大破之，获杂畜十余万"。又皇建元年（560年）十一月，孝昭帝"亲戎北讨库莫奚，出长城，虏奔遁，分兵致讨，大获牛马"。通过战争，奚马大量流入北魏、北齐等，这进一步增强了北魏和北齐等国的军事力量。

除了战争以外，奚族也向中原政权进贡了不少的奚马。北魏时期，奚族活动于弱洛水（今西拉木伦河）西部一带。据《魏书·库莫奚传》记载："乃开辽海，置戍和龙（今辽宁朝阳），诸夷震惧，各献方物。高宗、显祖世，库莫奚岁致名马文皮。"北魏兴光元年（454年）九月庚申，"库莫奚国献名马，有一角，状如麟"。延兴五年（475年）五月丁酉，库莫奚国"遣使献名马"。可见，北魏时，奚族向北魏王朝进献了不少马匹。当然，奚族也得到了丰厚的回赐。

贸易方面，奚族主要用牲畜、肉、酪、毛纺织品等畜产品，换取中原的绢、锦、盐、茶等生活必需品。据《魏书·库莫奚传》记载，北魏时期，奚族即多次向北魏要求"入塞，与民交易"，而且在太和二十一年（497年）以前就"与安营二州边民参居，交易往来"。马匹是奚族提供的主要商品。

三

唐朝贞观二十二年（648年），奚酋可度者率众内附，唐太宗于其地置饶乐都督府，并在奚五部地设五州，饶乐都督府由营州东夷都护府辖领。

唐朝注重和奚族保持良好的关系，甚至多次和亲，以图通过联姻奚族牵制东北各部族。公元717年，唐玄宗将从外甥女固安公主嫁给奚酋李大酺；公元726年，成安公主的女儿东光公主嫁给奚酋李鲁苏；公元745年，宜芳公主嫁给奚酋李延宠。奚族首领的聘礼丰厚，其中就有大量的马匹。

有唐一代，奚族向唐朝贡频繁，唐政府也每每给以回赐。《新唐书·奚传》中记载，奚族在开、天两朝八朝献，德宗时两朝献，至德、大历间十二朝献，宪宗时四朝献，有时甚至岁中二三至。《旧唐书·奚传》记载，元和十一年（816年），奚"遣使献名马，尔后每岁朝贡不绝，或岁中二三至"。史籍明确记载的朝贡方物主要是：名马、丰貂、康香等。唐朝多回赐绢帛锦彩、银器等。

奚族和唐朝也有摩擦。通过战争，唐朝也从奚族那里获得了不少的马、牛等牲畜。《新唐书·奚传》记载，大中元年（847年），唐朝将领张仲武在对奚族

▼奚酋李鲁苏迎娶东光公主

▲元祐四年（1089 年）苏辙出使契丹，祝贺辽道宗耶律洪基的生辰

的战争中，一次就获得"羊牛七万"。

当然，奚族有时候也会趁中原战乱趁火打劫。由于奚族视牲畜为重要的财富，也会掠夺中原地区的牛、马。安史之乱期间，奚人于天宝十五年（756 年）五月南下，直指范阳（治所在今北京市境内），俘劫近郊的"牛、马"而去。《资治通鉴》记载，唐德宗贞元四年（788 年）七月，奚寇振武（治所在今内蒙古和林格尔县境），"大掠人畜而去"。这也权算作是马匹向北方的倒流吧。

唐朝时，奚唐的互市贸易发达。《新唐书》中就提到，唐玄宗时期曾在营州开设榷场与奚人贸易。奚族与中原进行贸易的物品种类就以马匹等畜产品为主。

辽政权建立前后，在辽太祖的前后数次征讨下，奚族被统一在契丹政权之内。元祐四年（1089 年），翰林院学士苏东坡的弟弟苏辙，充任贺辽主生辰国信使，出使辽国。在辽国，苏辙见到了奚族的生活场景。由于这时辽强而宋弱，所以对奚族产生了同病相怜的感觉。苏辙在《出山》一诗中写道："燕疆不过古北阙，连山渐少多平田。奚人自作草屋住，契丹骈车依水泉。橐驼羊马散川谷，草枯水尽时一迁。汉人何年被流徙，衣服渐变存语言。力耕分获世为客，赋税稀少聊偷安。汉奚单弱契丹横，目视汉使心凄然。石瑭窃位不传子，遗患燕蓟逾百年。仰头呼天问何罪，自恨远祖从禄山。"既然被征服，此时奚族人当然在为契丹养马和劳作。当然，奚族所养的马匹也会通过契丹与中原王朝的贸易流入中原。

奚族在我国古代算不上强大的部族，甚至好多人没有听说过这个部族的名字。从初见于商代甲骨文到元代不见于史籍，历经 2000 多年，奚族一直通过各种方式和中原王朝保持着不间断的联系，奚马也在此间不断流入中原地区。虽然流入中原的奚马数量不多，但交流本身就已经弥足珍贵了。因为只有交流起来，中华民族才能永远保持活力。

契丹群牧马繁盛

——故宫博物院藏五代《卓歇图》

　　《卓歇图》是五代胡瓌创作的一幅绢本设色画，现收藏于故宫博物院。画为设色绢本画，纵 33 厘米，横 256 厘米。主要内容是契丹大汗狩猎归来，骑士们纷纷下马准备休息时互相交谈的场面。画中契丹大汗端坐在豪华地毯上饮酒观舞，服饰华丽，神态悠闲。他似乎被舞者美妙的舞姿所吸引，正凝神观望，颇为陶醉。他的妻子关氏则着汉装于右侧相陪。大汗的随从们有的

▼翁牛特的海金山，被认为是木叶山，这里是契丹人的发祥地

▲《卓歇图》长卷画面宏大，人马动静相宜，充满了浓厚的北方草原民族的生活气息

席地而坐，有的在整理马鞍，马鞍上驮着的鹅、雁等猎物还未卸下，也有的伫立交谈，形态各异。

《卓歇图》中"卓歇"可以理解为"临时休息"。作者胡瓌为五代后唐画家，善画契丹人马和北方游牧民族生活。《卓歇图》画面宏大，人马动静相宜，充满了浓厚的北方草原民族的生活气息。画面中有马 24 匹，反映出契丹人和马的密切关系。这些契丹马也曾大量南下，通过多种途径流入中原地区。

一

中国北方内蒙古草原东部，西拉木伦河（发源于今内蒙古赤峰市克什克腾旗境内）从大兴安岭南端奔腾而下，自西向东流。老哈河自医巫闾山（今辽宁省锦州市境内）西端而来，自西南流向东北。两条河在内蒙古赤峰东北汇成西辽河。契丹民族兴起于西拉木伦河和老哈河流域，过着半农半牧生活。

契丹早期分八部，分别为悉万丹部、何大何部、伏弗郁部、羽陵部、日连部、匹絜部、黎部、吐六于部。唐初形成了统一的大贺氏联盟。唐太宗以后，唐置松漠都督府，赐姓李。后来，契丹依附于后突厥汗国。天宝四年（745年），后突厥为回纥所灭，此后百年间，契丹人一直为回纥所统治。唐末，契丹首领耶律阿保机统一各部，公元 916 年称帝，国号契丹，后改国号为辽。

契丹人关于自己始祖有这样的传说，一位久居天宫的"天女"倍感天宫的枯燥寂寞，她驾着青牛车，从"平地松林"沿潢水（今西拉木伦河）顺流而下。恰巧，一位"仙人"乘着一匹雪白的宝马，从"马盂山"随土河一直向东信马由缰。青牛和白马，在潢水与土河的交汇处的木叶山相遇了。天女和仙人，叱走青牛，松开马缰，相对走来。两人相爱并结合，繁衍生八子。其后族属渐盛，就是后来的契丹八部。为了表示不忘本，契丹每行军及春秋时祭祀，必用白马青牛。《辽史》中也有类似的记载。

二

契丹的畜牧业十分发达。《辽史·食货志》记载："契丹旧俗，其富以马，其强以兵。纵马于野，弛兵于民。有事而战，斫骑介夫，卯命辰集。马逐水草，人仰湩酪，挽强射生，以给日用，糗粮刍茭，道在是矣。"

据苏颂《魏公集》中记载："'契丹马群动以千数，每群牧者才二三人而已，纵其逐水草，不复羁绊，有役则驱策而用，终日驰骋而力不困乏。'彼谚云：'一分喂，十分骑。'蕃汉人户以羊、马多少定其贫富等差。其马之形皆不中相法，蹄毛俱不剪剔，认为马遂性则滋生益繁。羊也以千百为群，纵其自就水草，无复栏栅，而生息极繁。"这些内容生动地描述了契丹羊、马生息情况，也反映了辽国畜牧业的发展情况。

据白寿彝主编的《中国通史》记载，契丹除部落民私有的畜群和部落所属的草场外，还有国有的畜群与草场——群牧。国有的群牧当建于辽太祖时，辽太宗设官置牧，群牧的组织建设已有了一定规模，成为国家军用马匹的重要牧养场所。群牧的马匹，来源于征伐的掳获、属部的贡纳和群牧的自然繁息。每有战事，五京禁军的马匹多取自群牧，有时也用来赈济贫苦牧民。一旦群牧因战事频繁耗损过多或自然灾害造成牲畜死亡，则括富人马以益群牧。"自太祖及兴宗垂二百年，群牧之盛如一日"，盛时契丹群牧马匹达百万以上。

公元 10 世纪初，契丹建立辽政权。契丹政权向辽西北、东北属

▼耶律洪基铜像

国、属部征收赋税和贡品，而马匹尤其受到重视。所以，契丹马匹拥有的马匹数量很多。《契丹国志》就曾记载，阿保机之妻述律氏就曾经自豪地说："我有西楼羊马之富，其乐不可胜穷也。"

三

北魏王朝建立后，道武帝拓跋珪曾发兵北征，大破库莫奚和契丹，又收服燕、赵，既而"开辽海，置戍和龙（今辽宁朝阳市），诸夷震惧，各献方物"。"诸夷"中包括契丹。6世纪初以前的契丹族尚为部落阶段。

契丹族所贡方物为"名马"和"文皮"。《魏书·契丹传》记载，北魏太武帝太平真君中（440—450），"契丹……求朝献，岁贡名马"。契丹民族的8个部落都彻底归服于北魏。接着，便"各以其名马文皮入献天府，遂求为常"。之后，北魏乃在和龙与密云（今属北京）之间设立榷场，契丹各部"皆得交市于和龙、密云之间，贡献不绝"。

公元6世纪中叶，北魏灭亡后，北齐控制了洛阳及黄河以北广大地区。北齐天保三年（552年），北齐文宣帝在冬十月率领精兵征讨契丹。经过周

▼内蒙古赤峰市敖汉旗玛尼罕乡发现的辽代《骑射图》

密布置，大军进至契丹腹地，大破之，"虏获十余万口，杂畜数十万头"。

经过这场战争后，契丹族亦与北齐正式建立了臣属关系。这种关系，仍然是以朝贡这种方式来体现的。根据《北齐书》记载，自天保五年（554年）

▲《卓歇图》局部

到天统四年（568年）14年间契丹共朝贡5次，其中不乏契丹的良马。

《册府元龟·外臣部·朝贡》记载，有隋一代，见于记载的契丹族朝贡中央王朝凡有六次，文帝时期凡五次朝贡，炀帝时期一次。

唐初在处理契丹族的问题上，沿用了隋朝的宽容政策，契丹也积极地和这个强大的帝国保持良好的朝贡关系。《旧唐书·契丹传》记载，武德六年（623年），"其君长咄罗遣使贡名马丰貂"。唐太宗以后，唐朝在契丹置松漠都督府。契丹首领，按照当时的惯例，经常向朝廷进行朝贡。据《新唐书·契丹传》记载："契丹在开元、天宝间，使朝献者无虑二十……至德、宝应时再朝献，大历中十三，贞元间三，元和中七，大和、开成间凡四。"可见，契丹向唐朝贡献非常频繁，贡献物品中就有大量的契丹良马。

除此之外，唐朝北方的藩镇节度使利用和契丹等族临近的优势，也获得了大量契丹良马。有时候，这些节度使也把这些契丹良马作为礼物献给中央。《新唐书·朱克融传》就记载：长庆二年（822年），幽州卢龙节度使朱克融"献马万匹，羊十万"。由此可知，河北藩镇通过与契丹等族的互市贸易，也获得了大量的契丹马匹，实力大增。

五代时期，契丹和中原依然保持频繁的交流，马匹的交流数量甚至高出唐代之数。据《册府元龟》记载，后唐应顺元年（934年），契丹向后唐一次贡马达 400 匹，并且契丹向后唐的每次朝贡几乎都有马匹在内。

契丹族是我国东北边疆的古代民族，由于所处的位置十分重要，所以中央王朝不断强化对契丹的控制和管理。唐朝在契丹所居之地设置了松漠都督府之后，又"复置东夷都护府于营州，兼统松漠、饶乐地，置东夷校尉"。其实不只是唐朝，中原历代王朝都没有放松对东北地区的控制。我国东北地区是中国历史上重要的产马地，马匹体型高大，乘挽俱佳，是中原喜欢的马种。更重要的是，通过中原和东北地区的马交流，既可以获得东北的良马，又可以加强对东北地区的影响和控制，一举多得。

安多北宋易茶马

——甘肃天水麦积山石窟东崖 26 窟北周时期王韶奏折

甘肃省天水市东南约 35 公里处，矗立着一座状如麦垛的奇峰，人们称之为麦积山。崖壁上如蜂窝般布满石窟和雕塑，这就是闻名世界的麦积山石窟。麦积山石窟东崖 26 窟，为北周时期开凿，在洞窟左壁，留有北宋开熙河路大将王韶的一则奏书："西人所嗜者惟茶，当以马至边贸易，因置茶马司。"短短 19 字，却可以让我们从中一窥北宋和安多地区的马匹交流的信息。

▼麦积山石窟被誉为东方雕塑艺术陈列馆

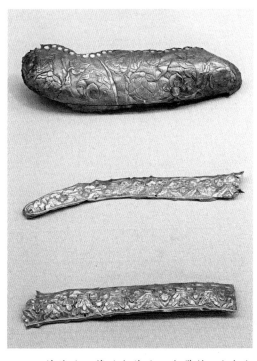

▲做工精美的吐蕃时期花叶纹金带饰,甘肃省博物馆藏

一

王韶(1030—1081)是一位名声显赫的北宋名将,现在知道的人可能不多。北宋后期,他和王安石一起,是宋神宗特别倚重的肱股之臣。北宋与安多地区进行茶马互市,王韶是主要推动者。

北宋治平四年(1067年)正月,宋英宗驾崩,宋神宗即位。当时的北宋朝廷面临着严重的内忧外患,宋神宗即位的第三年(1070年)就果断地起用王安石,任命他为参知政事进行变法,以图改变北宋王朝积贫积弱的局面,实现富国强兵。在这种形势下,王韶向朝廷上奏了《平戎策》三篇,提出收复河湟(今甘肃西部、青海东部和东北部一带)等地,招抚沿边羌族,孤立西夏的方略,被宋神宗采纳。随后,王韶率军击溃羌人和西夏的军队,置熙州(今甘肃临洮),收复河、洮、岷、宕、亹五州。熙宁五年(1072年),王韶收复今临洮与临夏,设熙河路。熙宁六年(1073年)夏天,王韶又乘胜追击,进攻河州(今甘肃东乡西南),直捣定羌城(今甘肃广河)。熙宁七年(1074年),收回被吐蕃占领的20万平方公里故土,史称"宋几振矣"。王韶也以此曾一度当上枢密院使,相当于今天的国防部长。

在王韶等人的推动下,北宋熙宁七年(1074年),宋神宗在秦州(今天水)、成都正式设立国家专门机构茶马司,负责与吐蕃、西夏进行茶马交易。这里所说的吐蕃,主要指的是吐蕃王朝以后的安多吐蕃地区。

现在安多地区的范围,包括四川阿坝州(部分),甘肃甘南州和天祝藏族自治县,除去玉树以外的青海全境。它们全部位于藏族分布区的东北部边缘地带。"安",在藏语里实发"阿"音。《安多政教史》中说,各取阿庆岗嘉雪山和多拉山的第一个字，构成了安多，并说从黄河河湾以下至汉地白塔寺（在永靖）以上的区域，为安多。吐蕃文献中一般称为多麦（元代译为脱思麻，意为"多康的下部"）。

公元842年，吐蕃王朝崩溃，分裂为许多割据一方的小国或是分散各处的小部落。在今青海、甘肃及四川西北部地区的吐蕃部落自成体系，逐渐形成后来的"安多藏族"。汤开建在《五代宋金时期甘青藏族部落的分布》一文中说，安多藏族在宋金时期的居住范围主要在秦、凤、泾、原、仪、渭、熙、河、洮、岷、叠、岩、阶、文、湟、鄯、廓、灵、凉州及德顺、通远、积石军乃至河西之地，另外环、庆夏州及镇戎军主要是党项居地，但其中杂有吐蕃部落。

二

对于北宋与安多地区进行以茶马贸易为主的马匹交流的原因，汤开建先生在《北宋与西北各族的马贸易》一文中做了比较合理的分析。他认为："第一，北宋王朝在国防上对西北少数民族的供马存在着严重的依赖性。第二，西北少数民族在经济上对宋王朝存在着严重的依赖性。"

▼北宋名将王韶驻守边地时在渭源县城北建立的军事城堡，现在被人们称之为王韶堡

交流卷

北宋由于在与辽和西夏的军事对峙中长期处于劣势，因此深刻认识到国家"马多则国强、马少则国弱"，于是千方百计寻找战马来源。然而，河西地区传统的产马区被西夏控制，北方产马区又被辽国控制，这使北宋战马供给严重缺乏。安多地区则以产良马著称。有名的良马有六谷马，即今天祝的岔口驿马；青海马，又称青海骢；河曲马等。对于安多地区而言，宋代以后，茶叶在吐蕃地区已经普及。《新安志·洪尚书》就记载，"蕃部日饮酥酪，嗜茶为命"。吐蕃地区不产茶，必须与中原交换才能得到。北宋与安多地区各有所需，茶马贸易因此得以顺利进行。

北宋初至宋神宗熙宁八年（1075 年）熙河开边前，北宋与安多地区就存在市马贸易。这个时期，四川、河东等地还未归入北宋，现在陕西西面主要就是安多吐蕃部落的居留地，所以市马就在陕西西面各州进行。据汤开建、杨惠玲研究称，至雍熙（984—987）、端拱（988—989）年间，宋朝买马地区已发展为 33 处，其中秦、渭、泾、原、仪、阶、文州、镇戎、保安军及制胜关（甘肃泾原一带）、浩门府（青海民和）是北宋的主要买马地。在宋真宗咸平年间（998—1003）以前，北宋每年从安多地区买马约 5000 匹左右。

宋真宗（997—1022 年在位）时期，接受张齐贤的建议，对西北民族采取"结以欢心，啖以厚利"的优给马价政策。鼓励安多地区各部直接进贡马匹。根据对《宋会要辑稿》所记载数字的大致统计，宋真宗时期北宋从安多地区每年买马为 30000 多匹，约占北宋对外购买马匹总数的近 70%。

三

宋神宗熙河开边后，王韶建议朝廷与安多地区专以茶市马。《古今图书集成·戎政典》记载："国初博易戎马，或以铜钱，或以布帛，或以银绢。以钱则戎获其器，以金帛则戎获其用，二者皆非计之得也。熙宁以来，讲摘山之利，得充厩之良，中国得马足以为我利，戎人得茶不能为我害。彼所嗜唯茶，虽奔马逐电之骏犹所不靳，以我蜀产易彼上乘，此诚经久之策……"

宋廷采纳了王韶的建议，派李杞等在靠近河湟区域的四川实施榷茶，并把川茶运往安多地区，在新收复的熙河地区设立熙、河、岷州、通远军、永宁寨、宁河寨 6 个买马场，将市马重心由秦州完全转向新开辟的河湟、洮岷等安多吐蕃地区。北宋与安多地区茶马贸易发展到一个新阶段，双方茶马贸易额有了大幅度的提高。

孟虎军、陈武强研究了《宋史》和《宋会要》有关北宋后期与安多地区茶马贸易的有关记载，从中统计出一些数据。据他们统计，从元祐元年（1086年）到宣和四年（1122年），安多地区每年输往内地汉区的蕃马数量达 2 万匹之多。其中，熙宁七年（1074 年），实际买马 14600 匹。到了宣和二年（1120年）时，实际买马数量达到 22824 匹，增长了 8224 匹，大大高于熙河开边之前的平均数字。这种显著的增长趋势，一方面得益于北宋后期的专茶博马制度（即专门划定一部分蜀茶用来易马），同时也反映了汉地和吐蕃地区经济联系的日益增强。这说明，北宋与安多地区的茶马贸易在北宋后期已经形成规模。这既加强了双方的经济交流，也在一定程度上加强了北宋军备。

北宋通过与安多地区以茶马贸易为主要方式的交流，一方面基本达到了所谓"以茶驭蕃"、羁縻蕃族的目的；另一方面也使北宋朝廷获得了大量奇缺的战马，同时推动了安多地区社会经济的发展和繁荣。从长远看，北宋与安多地区的交流，不仅有利于促进汉蕃民族间的了解，对推动安多地区的开发和社会经济进步也有积极意义。

五花马自于阗来

——北宋李公麟《五马图》之"凤头骢""满川花"

　　北宋画师李公麟绘制的《五马图》中，有两匹于阗国进贡的名马，一匹叫作"凤头骢"，另一匹叫作"满川花"。从名称可知，这两匹马是一种毛色有花斑的马，是古代于阗（今新疆和田）出产的一种堪与汉代西域汗血马相媲美的名马。李公麟所绘，是北宋朝廷与于阗的喀喇汗王朝之间绢马贸易的形象例证。

▼北宋李公麟《五马图》中的"满川花"

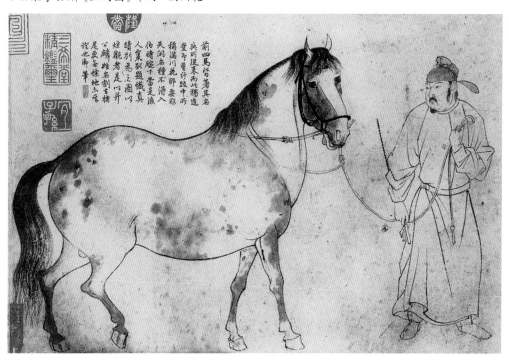

一

于阗地处塔里木盆地南沿，是古代西域王国之一。于阗南有昆仑山，北接塔克拉玛干沙漠，是西域南道中最大的绿洲。因位于丝绸之路的重要据点而繁荣一时，为西方贸易商旅的集散地，东西文化之要冲。公元前 2

▲北宋李公麟《五马图》中的"凤头骢"

世纪（西汉时代），尉迟氏在此建立于阗国，为西域南道中国势最强的国家之一。于阗曾是古代西域佛教王国，为唐代安西都护府安西四镇之一。君主因仰慕唐朝而改姓李。1006 年被喀喇汗国（亦称黑韩王朝）吞并。11 世纪，人种和语言逐渐回鹘化。

北宋初，于阗使臣、僧人数次向宋进贡。《宋史·于阗传》记载：宋真宗大中祥符二年（1009 年）"（于阗国主）黑韩王遣回鹘罗厮温等以方物来贡"；元丰四年（1081 年），"（于阗）遣部阿辛上表"。《宋会要辑稿》记载：元丰六年（1083 年），神宗在延和殿接见于阗贡使。神宗问："离本国几何？"贡使曰："四年。""在道几何时？"曰："二年。""从何国？"曰："道由黄头回纥、草头达靼、董毡等国。"又问曰："留董毡几何时？"曰："一年。""达靼有无酋领部落？"曰："以乏草粟，故经由其地，皆散居也。"又问："道由诸国，有无抄略？"曰："惟惧契丹耳。"又问："所经由去契丹几何里？"曰："千余里。"同年五月四日，宋神宗"诏于阗国大首领画到《达靼诸国距汉境远近图》，降付李宪"。由于入贡的人数太多，元丰元年（1078 年）十二月二十五日，朝廷诏熙河路经略司指挥熙州："目（自）今于阗国入贡，唯赍国王表及方物听赴阙，毋过五十人，驴马头口准此。余物解发，止令熙州、秦州安泊，差人主管卖买。"宋代也有于阗商人"尝赍蕃货，以中国交易为利，来称入贡，

▲魔鬼胡杨林位于于阗故地，景色醉人

出熙河路"。李远《青唐录》说青唐城东有"于阗、回鹘往来贾贩之人数百家居之"。

由上述材料可知，进入宋代以后，于阗与中原的物资流动持续不断。于阗与宋的交流见于记载的约有50次，其中7次是在西夏占领河西走廊之前，走河西丝路，43次则是通过青唐道进入宋朝。直到北宋宣和六年（1124年）仍与宋保持良好的交流关系。

<h2 style="text-align:center">二</h2>

据《魏书·西域传》记载，"于阗城东三十里有首拔河，中出玉石。土宜五谷并桑麻，山多美玉，有好马、驼、骡"。所以于阗使者前往中原朝贡，玉是最重要的贡品。据《宋史·于阗传》记载，建隆二年（961年）十二月，于阗国王李圣天"遣使贡圭一，以玉为柙；玉枕一"。这主要是因为宋朝对于阗美玉情有独钟，为了得到上好的玉石，"太平兴国二年（977年）冬，遣殿直张璨赍诏谕甘、沙州回鹘可汗外甥，赐以器币，招致名马美玉，以备车骑琮璜之用"。

除了玉之外，于阗向宋朝进贡的贡品中还有马。据《宋会要辑稿》记载，乾德三年（965年）十二月，"甘州回鹘可汗、于阗王及瓜沙州皆遣使来朝，贡马、橐驼、玉、琥珀"。《宋史·太祖本纪》详细记载了这次带来的贡品的数量："甘州回鹘可汗、于阗国王等遣使来朝，进马千匹、橐驼五百头、玉五百团、琥珀五百斤"。

前述《五马图》中的"凤头骢"，据黄庭坚题笺可知，是元祐元年（1086年）十二月十六日于阗国进贡来的，八岁，五尺四寸。这次进贡《宋史》失载，却为苏东坡《三马图赞（并引）》记录了下来，苏文说："元祐初（1086年），……西域贡马，首高八尺，龙颅而凤膺，虎脊而豹章。出东华门，入天驷监，振鬣长鸣，万马皆喑，父老纵观，以为未始见也。"从这段记载可知，此马确实是于阗马中佼佼者。

另一匹于阗贡马叫"满川花"。黄庭坚题跋已经佚失，但是宋代周密见过《五马图》及黄庭坚题笺，在《云烟过眼录》中对这匹马做了记录："元祐三年（1088年）正月上元（日，于阗）进满川花。"对于此次入贡，《宋史》有记载："元祐三年……是岁，三佛齐、于阗、西南蕃入贡。"据学者林梅村研究，这匹"满川花"与斯坦因在于阗废寺发现三件木版画上绘制的花马非常相似，于阗马是一种周身布满花斑的西域马。

三

对于于阗国的进贡，宋朝给予了大量的回赐，首先要"诏给还其直"，如元丰八年（1085年）十一月"于阗国进马，赐钱百二十万"；元祐二年（1087年）春正月，"诏于阗国黑牙王贡方物，回赐外，余不以有无进奉，悉加赐钱

▼古代丝绸之路上的贸易场景

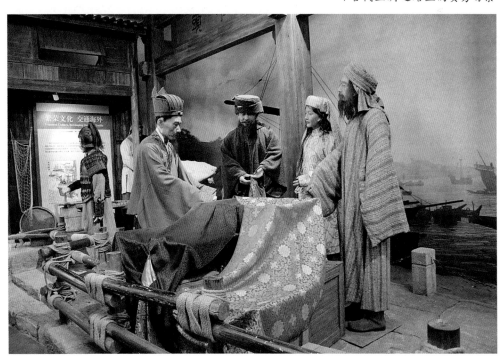

交
流
卷

古于阗位于昆仑山下，亿万年的冰雪消融之后，浇灌出了灿烂的于阗文明

三十万"。其次还要赐予大量的物品，如天圣三年（1025 年）十二月，于阗国入贡后，"别赐袭衣、金带、银器百两、衣著二百，罗面于多金带"；"熙宁（1068—1077）以来，远不逾一二岁，近则岁再至……每赐以晕锦旋襕衣、金带、器币，宰相则盘球云锦夹襕。"

从上面的记载可以知道，中原出产的丝绸（绢）以及用丝绸制成的服装是主要的回赠品。20 世纪 50 年代，在黑韩王朝东境现在的若羌县阿拉尔发现一座古墓，从墓中出土四婴戏白釉瓷碗看，当系北宋古墓。墓主人身穿灵鹫双羊纹锦袷袍，头戴尖顶皮帽。这件灵鹫双羊纹锦袷袍，长约 128 厘米，袖口宽 14.5 厘米，袖通长 197 厘米，下摆宽 88 厘米，交领、右衽、直裾式窄袖、束腰，后摆开气。面料以土黄色为地蓝、白两色显花。墓主人头戴尖顶皮帽，帽子面料采用北宋名锦——青绿云雁锦。1983 年，考古工作者在北宋时期于阗都城约特干遗址以南 15 里发掘了 12 座墓，这些古墓均为竖穴墓，出土了箱式木棺和木槽棺。彩棺墓出土的摩尼宝珠纹织锦，属于宋辽时代（960—1127）典型织锦，时间在公元 11 世纪初；近年来，考古工作者在这个遗址还发现了宋代铜钱。这些都证明了宋朝与于阗主要采用的是"绢马贸易"。绢马贸易是中国历史上中原王朝与周边少数民族之间的"朝贡贸易"的形式之一，和"茶马贸易"的性质相似，以"进贡"与"赏赐"方式进行，往往都带有"羁縻"或者"怀柔"的政治目标。

四川蜀锦具有悠久的工艺传统，宋代得到蓬勃发展。元丰六年（1083年），北宋朝廷扩充了成都的转运司锦院，募织匠 500 人，进行大量织造，年产量达到 700 匹，其中许多丝织品被用于绢马贸易。在宋代于阗国发现的这些丝绸制品和钱币，当是北宋朝廷与于阗国绢马贸易的明证。

北宋元祐年间李公麟所绘于阗马，在北宋皇家马厩豢养，说明宋廷也非常爱惜这匹马，可能也是作为改良马种的种马来蓄养的。"凤头骢"和"满川花"生动反映了北宋朝廷与黑韩汗王朝之间的绢马贸易。这幅传世名迹，不仅有着无与伦比的艺术价值，而且对研究我国中原与边疆马的交流有着重要的史料价值，从中我们可以了解中原王朝与边疆地区的经济往来和政治互动。

西域花马产于阗

——伦敦大英博物馆藏《于阗人骑马祈福彩绘木匾画》

▼于阗人骑马祈福木匾，画面饱满，内涵丰富，被认为是现存的于阗画派最好的作品之一

在英国伦敦大英博物馆，藏着一块来自中国新疆丹丹乌里克的《于阗人骑马祈福彩绘木匾画》。这幅木匾画是由英国著名考古学家、探险家奥里尔·斯坦因（1862—1943）于1901年在于阗的东边发现的，它被认为是斯坦因考古探险之旅最重要的收获之一，也是现存的于阗画派最好的作品之一。这幅木匾画高38.5厘米，宽18厘米。画面上半部，绘有一位神话人物，头上束带，脑后有光环；胯下骑花马，腰佩宝剑，右手端钵，钵上有一飞鸟。画面下半部是另一位神话人物，胯下骑骆驼，腰间佩剑；头戴四檐帽，脑后亦有光环，右手端钵。画面的场景据说与多闻天王有关，多闻天王被认为是于阗的守护神。据传多闻天王的仆人用箭射下了突

▲新疆丹丹乌里克佛寺出土的唐代千佛及骑马人壁画

厥人的英雄佩卡，当时他正扮作一只猎鹰飞在天上。画中的花马非常醒目，这种马被认为是古代于阗国出产的一种浑身花斑的西域马，也是唐诗中所谓的"五花马"。古籍记载，这种马从汉朝开始就曾流入中原，唐宋时更是有诗画描绘其不凡的风采。

一

于阗国，古代西域王国。公元前 60 年，西汉政府设立西域都护府，于阗被纳入汉朝的版图，唐代时曾为安西都护府安西四镇之一。君主国姓为尉迟，因仰慕唐朝，有两位君主改姓李，他们分别是尉迟僧乌波（李圣天）、尉迟苏拉（李从德）。于阗虽是西域小国，但存国长达 1200 多年。于阗原来是佛教王国，玄奘取经的时候就曾在这里逗留 7 个月，受到于阗国王的隆重款待，这些在《大唐西域记》都有记载。公元 1006 年，于阗王国被喀喇汗国吞并。

于阗地处塔里木盆地南沿，东通且末、鄯善，西通莎车、疏勒，盛时领地包括今和田、皮山、墨玉、洛浦、策勒、于田、民丰等县市，都西城（今和田约特干遗址）。

于阗自古以盛产玉石闻名于世，和田美玉就产自这里。除了美玉、丝绸外，于阗也盛产骏马。《魏书》记载："于阗国，在且末西北，葱岭之北二百余

▲雪原上的一匹花马

里。东去鄯善千五百里，南去女国二千里，西去朱俱婆千里，北去龟兹千四百里，去代九千八百里。其地方亘千里，连山相次。所都城方八九里，部内有大城五，小城数十。于阗城东三十里有首拔河，中出玉石。土宜五谷并桑麻，山多美玉，有好马、驼、骡。"这里提到的好马，就是于阗花马。

所谓花马，特指为毛色呈现斑点、斑块状的非纯色马，这还关涉唐代对马的修饰称谓。将马鬃剪瓣是唐朝流行的一种饰马方式，据说这种做法还受到突厥马饰的影响。目前唐墓出土的马俑有一花、二花和三花马，陪葬唐太宗的昭陵六骏就都剪做三花，张萱绘《虢国夫人游春图》的马队中也有三花马。三花不仅是装饰，还是良马的最高标志。《唐六典》记载："凡外牧进良马，印以'三花''飞''风'之字，而为志焉。"那么，如何看待唐诗中屡屡出现的"五花马"诗句，唐马是否还有剪鬃五花的制度？由于目前没有形象资料的证据支持，研究者一般持否定态度。他们认为唐诗中的"五花马"应该指的是马身上旋毛的纹理。边塞诗人岑参《走马川行奉送出师西征》诗中有："马毛带雪汗气蒸，五花连钱旋作冰，幕中草檄砚水凝。"杜甫诗在《高都护骢马行》中亦云："五花散作云满身，万里方看汗流血。"从这些诗句中看，"五花"确实指的是马匹斑驳的毛色。

二

于阗在立国的 1000 多年时间里和中原王朝一直保持着密切的联系，此间于阗马也以贡赐贸易、绢马贸易等方式流入中原。于阗盛产美玉，但并不是西域的主要产马国，所以流入中原的马匹数量不大。但由于于阗的地理环境等因素，它和西域其他国家一样，所产的马匹质量上乘，流入中原的于阗马皆为神骏。

1874 年，英国探险家道格拉斯·福赛斯爵士在新疆和田意外地收集到两枚和田马钱。国内学者多数认为，和田马钱铸造于公元 73 年班超征服于阗之后。和田马钱是汉王朝加强对西域统治的产物，反映出汉朝在于阗地区的影响力。马是古代于阗重要的生产和生活资料，由于于阗和汉朝的密切关系，再加之汉朝和于阗对马匹的重视，我们有理由相信于阗马可能在西汉时已经流入了中原。但由于汉朝在西域的乌孙、大宛等盛产马匹的国家有着比较稳定的马匹来源，所以史书很少有于阗马流入西汉的记载。

西汉以后，于阗向中原王朝献马的记载在史书中多了起来。《梁书·于阗传》记载："魏文帝（220—226）时，王山习献名马。"这则史料记载了汉末魏初，于阗国王山习向魏文帝曹丕献于阗马的史实。北周时，于阗向北周武帝进贡于阗马。《北史·高祖武帝纪》记载说，建德三年（574 年）"十一月戊午，于阗遣使献名马"。开元十三年（725 年），于阗王尉迟眺曾引突厥谋叛唐，很快被安西副

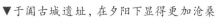

▼于阗古城遗址，在夕阳下显得更加沧桑

▲斯克林 1923 年拍摄的和阗，城郭尚在

大都护杜暹派兵擒杀，更立新王。此后，尉迟伏师战、伏阇达、尉迟珪、尉迟胜相继为王。天宝中（749 年前后），尉迟胜入唐献名玉良马，唐玄宗李隆基嫁以宗室之女。

　　据黄纯艳在《于阗与北宋的关系》一文中统计，北宋时于阗遣使共 39 次（据《宋会要》《续资治通鉴长编》《宋史》等统计），宋朝对双方的政治关系规定为宗藩关系和贡赐活动。在宋朝"厚往薄来"的原则下，于阗的朝贡规模日增，其中自然少不了于阗马。《宋史·太祖本纪》记载，乾德三年（965 年）甘州回鹘和于阗进马千匹、橐驼五百头、玉五百团、琥珀五百斤。《宋会要辑稿》记载，元丰八年（1085 年）于阗进马，"赐钱百有二十万""特赐进奉人钱百万"。可见，北宋时于阗马流入中原的数量比前朝大大增加。

三

　　从中国古代的传世书画中，我们也可以一窥于阗马流入中原的情况。于阗花马在中原书画中始见于五代后梁（907—923）赵嵒的《调马图》中。《调马图》现藏于上海博物馆。画中马夫头戴卷檐带帻虚帽，身穿圆领窄袖胡服，深目高鼻，满腮胡须。这位于阗马夫，手牵一匹白地黑花马，马首高昂。从和田废寺出土唐代木版画可以证实，这种花马产于塔里木盆地南缘的于阗绿洲。于阗王国在晚唐陷于吐蕃，与内地交通断绝。赵昂《调马图》所绘于阗花马，大概是沙州使臣或商人带到中原的。

于阗花马还见于北宋画师李公麟（字伯时）的《五马图》。此画在清末流散日本，二战时毁于美军对东京的轰炸，如今只有珂罗版流传于世。李公麟《五马图》属于宫廷绘画，内容表现西域进贡北宋朝廷的五匹名马及奚官（职司养马的官员）、圉夫（指掌管养马放牧等事的官员）等。《云烟过眼录》上记载："李伯时《五马图》，并列其名于后。云：一匹，元祐元年（1086年）十二月十六日，右麒麟院故于阗国进到凤头骢，八岁，五尺四寸。一匹，元祐元年四月初三日，左麒麟院收董毡进到锦膊骢，八岁，四尺六寸。一匹，元祐二年（1087年）十二月廿三日，于左天驷监拣中秦马好头赤，九岁，四尺三寸。一匹，元祐三年（1088年）正月上元（日，于阗）进满川花。一匹，元祐三年（1088年）闰月十九日，温溪（心）进照夜白。"林梅村在《于阗花马考——兼论北宋与于阗之间的绢马贸易》中研究认为，李公麟所画的《五马图》正是于阗花马。北宋李公麟所绘的于阗花马，乃北宋皇家马厩豢养。《五马图》真实而生动地反映了北宋朝廷与于阗地区之间马匹交流的情况。

古于阗国（今新疆和田地区）历经汉、魏晋南北朝、隋唐、五代、北宋及辽等朝代。在历史的不断演进中，于阗国始终认同中原王朝，与中原王朝保持密切的联系，于阗花马也在不同时期流入中原王朝。由于于阗花马外表独特，高大神骏，因此深得中原王公贵族和文人的喜爱。李白在《将进酒》中曾充满激情地写道："五花马，千金裘，呼儿将出换美酒，与尔同销万古愁。"于阗花马作为中原与西域友好交流的见证，注定会在历史上留下风流的身姿。

青唐良马数河湟

——甘肃夏河县甘加乡北宋"雍仲卡尔"古城

　　甘肃省甘南州夏河县甘加乡偏东，在央曲与央拉两河交汇处旁边的一块台地上，有一座被当地群众称为"雍仲卡尔"的古城。"雍仲卡尔"是雍仲城的藏语音译，意为"卐"城，逆时针方向的"卐"在苯教经典中称"雍仲"，意为永恒，"卡尔"意为城。藏文史料中以及现在当地居民都称此遗城为"雍仲卡尔"，汉族群众因古城形状而称其为"八角城"。古城内至今仍居住着80户

▼ "雍仲卡尔"古城位于甘肃甘南夏河县甘加乡唃厮啰八角城，至今仍布局严整，并且有人居住

人家，城内还有一所小学，这无疑为这座古城增添了不少的生机。据兰州大学洲塔老师考证，"雍仲卡尔"是我国北宋时期"唃厮啰"政权所建的城池，距今已经有1000多年的历史。就是这个叫作"唃厮啰"的吐蕃政权，和北宋进行过长期的马匹交流，并且马匹质量深得北宋赞许。

▲湟水地区水源充足，气候较好，是青海经济最发达的地区

一

"唃厮啰"既是人名，又是族名，也是地名和政权名。由于它的开国领袖是唃厮啰，所以称作唃厮啰政权。又由于唃厮啰建都于青唐城（今青海西宁市），所以也称作青唐王国。

"唃厮啰"为藏语音译，意为"佛子"。作为人名的唃厮啰，原名欺南陵温，是吐蕃王国末代赞普达玛的后裔。但是，他出生时，曾经强大的吐蕃帝国早已分崩离析。公元842年，吐蕃王朝最后一位赞普达玛被刺。此后，吐蕃就处在宗室战争、割据内乱之中。为了避难，唃厮啰的先辈很可能就是在那个时期流落到今天的吐鲁番。所以，《宋史·吐蕃传》称唃厮啰生于"高昌磨榆国"。不过，洲塔老师根据藏文史籍考证认为，唃厮啰应该出生于现在西藏自治区阿里的噶尔县。

北宋大中祥符元年（1008年），唃厮啰12岁时被带至河州，名义上被尊为赞普。其实，他先后被当地吐蕃豪酋耸昌厮均、李立遵、温逋奇控制。他们借赞普名号，使吐蕃诸部纷纷依附，壮大了势力。后来，先是唃厮啰寻机摆脱了李立遵的控制。公元1032年，温逋奇发动叛乱，囚禁唃厮啰。唃厮啰逃出后，利用赞普身份，集结各地兵马，平息了叛乱。公元1034年，唃厮

▲图为位于青海西宁市中心的青唐古城遗址。吐蕃唃厮啰政权建于 1034 年，存在了 350 年

啰迁居青唐城，并建立政权。自此，河湟地区由吐蕃各部互不统属，进入了近百年相对统一和稳定发展的吐蕃唃厮啰政权时期。

洲塔老师根据藏汉文史料和实地调查，认为唃厮啰政权活动范围主要在河湟一带。所辖范围主要是"一江四河"流域，即白龙江流域的下迭一带和黄河流域、洮河流域、大夏河流域及湟水流域的广大地区。湟水流域的辖地有今青海湟源、湟中、平安及青唐（上述四地历史上藏语统称为宗喀）。黄河流域的辖地有今青海之赤噶（治今青海贵德）、尖扎、热贡（今青海同仁）及今甘肃甘南的碌曲、玛曲、桑曲和噶曲（今甘肃临夏）、巴钦（今甘肃临夏州积石山一带）、巴松（今甘肃临夏州康乐县）、吉夏卡尔（今甘肃临夏州和政县）。洮河流域的辖区有岷州、临洮及会川一带广大地区。

唃厮啰的经济以畜牧业为主，辖地多产良马。《宋朝诸臣奏议》就记载，宋人皆知"青唐之马最良"，青唐即为唃厮啰。加之唃厮啰政权在很长一段时间是北宋"联蕃制夏"的团结对象，所以和北宋关系密切。基于双方的战略伙伴关系和实际需要，唃厮啰马大量流入北宋。

二

北宋和汉唐相比，失去了对西北和北方产马区的控制，所以马匹来源匮乏。再加上和辽、西夏长期对峙，战场上消耗的马匹也越来越多，河湟地区的马匹对北宋来讲愈加重要。

《宋会要辑稿》记载，北宋初年，曾在秦（治今甘肃秦安北）、渭（治今甘肃平凉）、阶（治今甘肃武都东）、文（治今甘肃文县）四州设招马处，专门负责招收回鹘和吐蕃等地的马匹。政府"每岁皆给以空名敕书，委沿边长吏牙校入蕃招买，给路券送至京师，至则估马司定其价"。由于往京师长途运马损耗巨大，于是后来北宋政府派人就地置场收购，并"招募蕃商，广收良马"。《邵氏闻见录》记载，往来于宋地的蕃族商人、部落首领、贡使等都受到北宋官员的热情接待，在交通线沿途都为其提供吃住方便。当时人们将为方便河湟商人所筹建的驿站称"唃家位"。"唃家位"就是指为唃厮啰部的贡使和蕃商使用的驿站房舍。

最初宋与河湟地区的马匹交易有市马和茶马两种形式。但是，宋人发现"西人颇以善马至边，其所嗜唯茶"。于是，北宋开始调整易马政策，把市马与易茶的两个机构合而为一，统一经营。《宋史·兵志》记载，熙宁八年（1075年），李杞提出："卖茶买马，固为一事。"《文献通考》记载，元丰六年（1083年），群牧判官郭茂恂上奏："茶司既不兼买马，遂立法以害马政，恐误国事，乞并茶场买马为一司。"朝廷采纳了郭茂恂的建议，设立"都大提举茶马司"，茶马司的职能是"掌榷茶之利，以佐邦用"。在北宋的政策刺激下，北宋与唃厮啰的茶马贸易活跃起来。据北宋李焘《续资治通鉴长编》记载，在北宋熙宁（1068—1077）至元丰（1078—1085）年间，吐蕃诸部卖给宋人的马料每年有十万石，草八十万束，马一万五千匹左右。这些马匹饲料和马主要来自于唃厮啰。至绍圣年间（1094—1097）每年售马增至两万匹，价值五十万缗（一缗钱就是一贯钱，千文为一贯，宋代曾经一贯为七百七十枚铜钱）。崇宁四年（1105年），河湟地区仅向北宋售战马就达两万匹。大观元年（1107年），售马达三万匹之多。这对解决北宋战马短缺起到了关键作用。

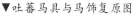
▼吐蕃马具与马饰复原图

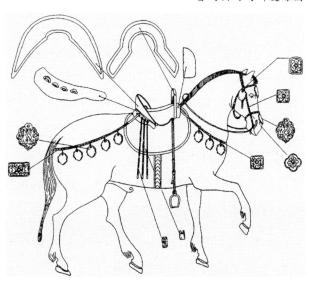

三

中国古代历史上，中原王朝基本上都与边疆政权有着长期的贡赐贸易。中原王朝主要是借此来维护政治上居高临下的地位，所以往往付出比正常贸易更高的经济代价。贡赐贸易表面上看是一种政治外交，实际上也是一种贸易关系。

唃厮啰与宋朝长期存在着贡赐贸易关系。唃厮啰和他的继承者向宋朝进贡"方物"，宋朝则给予丰厚的回赐。唃厮啰通过这种方式获得了产自中原的一些奢侈品，如质地优良的丝织品等。宋朝也通过贡赐贸易得到国防和生产中急需的马匹和其他唃厮啰特产。

《续资治通鉴长编》记载，大中祥符九年（1016 年），唃厮啰与李立遵向宋朝进贡马 582 匹，宋廷"诏赐器币总二万二千"。元丰二年（1079 年），"赐董毡进奉马四百六十三匹价钱一万一千二百缗，银彩各千，对衣、金带、银器、衣著等"。元祐八年（1093 年），"阿里骨进马一百七十九匹，诏户部逐匹估价，于都数内增二分回赐"。文中提到的唃厮啰、董毡、阿里骨都是唃厮啰政权的国王，李立遵是唃厮啰早期的合作者。青海师范大学的丁柏峰研究后认为：据不完全统计，从公元 1015 年唃厮啰本人第一次向宋朝进贡，到公元 1104 年唃厮啰政权崩溃这 90 年间，共进贡 45 次，而宋朝对其回赐及封赐达 150 余次之多。其进贡的"方物"主要是马匹、珍珠、象牙等，宋回赐的则是丝绸、银器、茶叶等。

北宋时期的茶马市易，除官办的榷场外，民间私市也很盛行。《宋史·食货志》记载，当时一些"蕃贾与牙侩私市"，其货物都从不为官府控制的山间小路出入，以避关卡抽税。熙河路边防财用李宪申奏朝廷，要求下令禁止私市，如有私市，许人纠告，"赏倍所告之数"。这在一定程度上也反映出，唃厮啰和河湟地区的吐蕃各部与北宋存在大量私市，而且生命力顽强。

唃厮啰政权控制的河湟地区，盛产良马，成为北宋战马的主要来源。河湟地区也是宋代丝绸之路的必经之地。北宋与唃厮啰政权的茶马互市和政治、文化友好交流，不仅缓解了北宋政府军马来源稀缺的压力，而且对维护丝绸之路的畅通也有重要的意义。

吐蕃贡马锦膊骢

——北宋李公麟《五马图》之"锦膊骢"

　　李公麟是宋代画马第一人。他绘制了传世名作《五马图》，内容表现西域进贡北宋朝廷的五匹名马及奚官、圉夫等。前三人为西域人装束，后两人为汉人打扮。这幅作品是纸本墨笔，长 26.9 厘米，横 204.5 厘米。画卷分五段，每段绘一人牵一马，皆西域雄马，分属于北宋皇家马厩——左麒麟院和左天驷监。苏东坡赞叹道："龙眠胸中有千驷，不惟画肉兼画骨。"北宋黄庭

▼北宋李公麟《五马图》中的"锦膊骢"

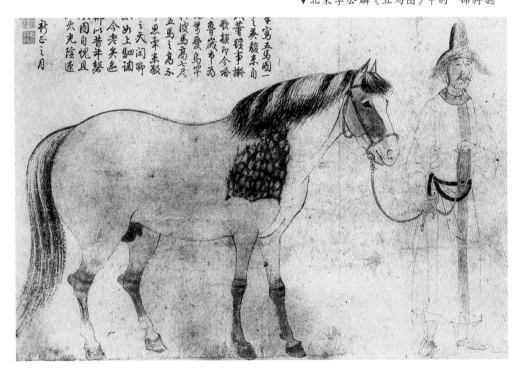

交
流
卷

▲盐被称为"生命的粮食"，在青藏高原的茶马古道上已经流通了 2000 多年。图为筒盐

坚在元祐五年（1090 年）的笔记中分别说明了马的年岁、尺寸、进贡年月等。其中一匹马，黄庭坚题笺为"元祐元年（1086 年）四月初三日，左麒麟院收董毡进到锦脯骢，八岁四尺六寸"。那么这位董毡为何许人？他为何要给宋朝进"锦脯骢"这样的名马呢？

一

搜检《宋史》，我们会发现董毡（1032—1083）是一个非常重要的人物。吐蕃王朝灭亡后，生活在河湟地区的吐蕃遗部建立了唃厮啰政权，董毡是其第二任赞普。据载，董毡是唃厮啰妻乔氏所生的第三子。董毡出生之后，他的两个哥哥瞎毡和磨毡角因家庭内部矛盾都离开唃厮啰。长子瞎毡占据河州地区，次子磨毡角占据宗哥城（今青海海东市平安区），《宋史·董毡传》记载，"董毡最强，独有河北之地"治平二年（1065 年）冬，唃厮啰去世后，"董毡嗣为保顺军节度使、检校司空"。

熙宁二年（1069 年），宋朝与西夏之间战争爆发。董毡出兵帮助宋军，给西夏军队以重创，宋朝大加奖赏，封董毡为"武威郡王"。但是，宋神宗熙宁八年（1075 年），熙河之战结束后，北宋和唃厮啰政权之间由友好关系转变为战争关系。宋朝每年要向这一地区投入"人粮马豆三十二万斛，草八十万束"（李焘《续资治通鉴长编》），财政负担很重；唃厮啰政权也处于北宋的武力威胁之下，与内地的茶马互市被迫中止，双方都有讲和的需要。熙宁十年（1077 年）十月十四日，董毡主动使人进贡，向北宋示好；十二月，董毡又进珍珠、乳香、象牙、玉石、马等。北宋政府也积极回应，加封董毡为"检校太傅"，"使持节鄯州诸军事、行鄯州刺史，兼御史大夫、西平军节度、鄯州管内观察处置押蕃落等使，仍旧西蕃邈川首领、加食邑一千户、赐推诚顺化功臣"（《宋大诏令集》）。此后，董毡数次派人到北宋进献方物，这在《宋史》中都有明确的记载：如元丰二年（1079年）三月，董毡派遣景青宜党令支向北宋进贡；元丰三年（1080年）闰九月二十七日，"董毡遣使来贡"。这样，董毡所率领的唃厮啰政权始终站在了北宋一面，坚持联宋抗夏的政策，数度出兵助宋抗夏，为宋朝减轻了许多边防压力。

二

西北吐蕃很早就与宋朝进行的"贡赐"活动，每次入贡，宋朝都要给予丰厚的封赏，而且所得的赏赐远高于贡品的价值。这是宋朝为了安抚边疆少数民族实施的一种带有浓厚的政治色彩的经济贸易形式。在董毡之前，西北吐蕃多次向宋朝进贡。据《宋史》记载：建隆二年（961年），"灵武五部以橐驼良马致贡"；乾德五年（967年），"首领间通哥、督廷、督南、割野、麻里六人来贡马"；开宝六年（973年），"凉州令步奏官僧吝毡声、通胜拉蠲二人求通道于泾州以申朝贡"；太平兴国八年（983年），吐蕃"诸种以马来献"；太平兴国九年（984年）秋，"蕃部以羊马来献"；淳化五年（994年），折平族大首领、护远州军铸督延巴率六谷诸族马千余匹来贡；咸平元年（998年）十一月，河西军左厢副使、归德将军折逋游龙钵"献马二千余匹"；咸平五年（1002年）十一月，游龙钵"贡马五千匹"；大中祥符九年（1016年），董毡的父亲唃厮啰等"献马五百八十二匹"。

这些朝贡活动所进的贡品，宋朝廷不仅要"厚给其直"，而且有丰富的回

▼宋代著名画家李公麟的《五马图》局部

交 流 卷

赐，回赐物品的价值远远超过进贡物品的价值。如大中祥符三年（1010年）"厮铎督马三匹，估直百七十贯。潘失吉马三匹，百一十贯"；八年（1015年）二月，"西蕃首领唃厮啰、李立遵、温逋奇、木罗丹并遣牙吏贡名马"，"估其直，约钱七百六十万"。又如《宋史·吐蕃传》记载：大中祥符八年（1015年），厮啰遣使来贡，"诏赐锦袍、金带、器币、供帐什物、茶药有差，凡中金七千两，他物称是"；九年（1016年），唃厮啰等献马后，"诏赐器币总万二千计以答之"。董毡入贡也获得了巨额的赏赐，如熙宁十年（1077年）董毡遣人进贡后，北宋政府"依例估价，特回赐银、彩及添赐钱，仍赐对衣、金腰带、银器、衣着、茶等，仍加功臣食邑移镇，除旧请外，岁添赐大彩四百匹，角茶二百，散茶二百斤"（《宋会要辑稿》）；元丰二年（1079年）三月，"赐董毡钱一千二百缗，银彩各千、对衣、金带、银器、衣着等"；元丰五年（1082年），"赐金束带一，银器二千两，色绢䌷三千，岁赐增大彩五百匹，角茶五百斤。阿令骨为肃州团练使，鬼章甘州团练使，心牟钦毡伊州刺史，各赐金束带一、银器二百两，彩绢三百。进奉使李叱腊钦廓州刺史，增岁赐茶、彩有差"。在经济利益的驱使下，吐蕃人愿意入贡于宋，贡使络绎不绝。

三

吐蕃向宋朝进贡的大宗物品是马，从上面的材料我们可以看出，其数量往往以千计，非常巨大。之所以有这么大的数量，主要是宋朝一直处于战争状态，缺战马。河曲马"挽力强，速力中等，能持久耐劳"，是最好的战马。这种马"产在甘肃、四川、青海三省交界处的黄河第一弯曲部，即黄河流经此区绕积石山形成一大弯曲处"，是宋代西北吐蕃诸部活动的核心地区。所以西北吐蕃所贡的河曲马，是宋朝最需要的战略物资，再加上政治方面的考量，宋廷回赐这么多的钱物，其实是物有所值。

熙宁年间，王韶"修复熙州、洮、岷、叠、宕等州，幅员二千余里"之后，朝廷在这些地区设立的市马司和买马场，所购战马也是河曲马。据《宋史·食货志》记载，"其间卢甘蕃马岁一至焉，洮州蕃马或一月或两月一至焉，叠（迭）州蕃马或半年或三月一至焉，皆良马也"。这里所说的洮州蕃马、叠州蕃马正是来自于河曲地区。这里不仅马源丰富，而且马匹质量也好。以当时

在青藏高原上

岷州市马的标准来看，良马三等都"并四尺四寸以（已）上"，纲马有的到了"四尺七寸"，最低标准也是"四尺二寸"，而且每差一寸便是另外一等。

据学者研究，至少在雍熙至景祐三年（984—1038）期间，阶州与秦州一直都是边马的收市地；而熙宁开边之后，宋朝直接控制更靠近盛产河曲马的广阔地区，市马场不久普遍西移，岷州与熙州、河州、湟州一起成为北宋后期最重要的市马来源地。当南宋失去了包括秦州在内的多数渭河上游流域的市马地区后，西和州和岷州以及川西的文州、茂州、威州、雅州等地便成为朝廷和川陕军队能够赖以获得西北蕃马的最后地区。

李公麟《五马图》中的"锦膊骢"，是一匹名马，这匹马8岁，高有四尺六寸，是河曲马的典型代表，被宋王朝放在皇家马厩左麒麟院。宋朝廷特别重视马种的改良，如宋仁宗在位期间多次下诏，要求从蕃部"广市善种"；宋英宗命陕西监牧司"广市善种"；宋神宗命凤翔府钤辖王君万"给散蕃部马种"，这匹被称为"锦膊骢"的名马可能也是作为改良中原马的种马而蓄养的。

这匹马的笺记说它是董毡元祐元年（1086年）四月初三日进贡的。但据学者研究，董毡死于元丰六年（1083年）十月，由于养子阿里骨匿丧不发，继续以董毡的名义发号施令，所以北宋朝廷对此并不知晓，还于这年八月加封董毡为检校太尉。在诏书中宋哲宗赞扬董毡"矧惟藩卫之邦，控我河湟之塞"，可能与董毡助力宋廷作战、不断贡献良马有关。这匹"锦膊骢"高大健壮，体舒昂首，是河曲马中的佼佼者。李公麟用神来之笔绘出这匹马的情态：像是在怀念着在河曲地区纵情驰骋的岁月，又像在渴望着在大漠沙场冲入敌营的日子。

宋辽易马在雄州

——河北保定雄州榷场

河北省保定市雄县在 1000 年前的北宋时期，这里有一个响当当的名字，叫作雄州。北宋政府曾经在这里设立了一个重要的机构——雄州榷场。榷场的开放，不仅促进了当时雄州经济的发展，也给以后的雄县（今雄安新区）留下了许多历史遗迹。现在，不少村庄都是当时边贸活动的聚集地和管理场所，如米家务、马务头、道务村。米家务是谷物贸易税收之地，马务头是马匹贸易税收之地，等等。雄县当时在榷场贸易活动中已成为名副其实的边贸城市，活跃了南北方之间的货物往来，促进了国家经济的发展。北宋设立的雄州榷场在军事、经济、文化等各方面，都扮演过重要的角色。在今天雄县的土地上，北宋和辽国曾进行大规模的互市，辽国的马匹从这里流入北宋，双方围绕着马匹曾经进行了一系列的明争暗斗。

一

"榷"，意为"专卖""专利"，《汉书·景十三王传》引韦昭注说："榷者，禁他家，独

▼宋代战场复原图

交流卷

王家得为之也。""场",即"场所""场地"。"榷场"一词,最早见于唐代,是指征榷专卖机构,它的意义并不是后来的榷场。吉林大学的程嘉静研究员说,当征榷和互市结合以后,才使榷场的内涵发生了变化。于是,到北宋时期才有了兼有政府控制和互市意义的榷场。榷场内贸易由官吏主持,除官营贸易外,商人须纳税、交牙钱、领得证明文件(关子、标子、关引等)方能交易。《金史·食货志》曰:"榷场,与敌国互市之所也。"范文澜的《中国通史》说:"宋金战争停止时,双方都在淮河沿岸及西部边地设立贸易的市场,称为'榷场'。"

北宋时期,政府专门针对辽、金、西夏、蒙古等进行贸易设立了榷场。北宋设立的榷场主要是在今雄县至徐水一带。《宋史·食货志》记载:"太平兴国二年(977年),始令镇、易、雄、霸、沧州各置榷务,辇香药、犀象及茶与交易。后有范阳之师,罢不与通。"在北宋对辽设立的榷场中,雄州榷场是北宋对辽设立最早的一个榷场。由于宋辽战争的原因,雄州榷场时开时停,直到宋真宗景德二年(1005年)澶渊之盟,双方贸易才稳定下来。

▼北京昌平区出土的灰陶契丹族男立俑,笼袖静立,表情恬静

宋辽订立"澶渊之盟"后,双方进入较长时间的和平时期。北宋复置雄州榷场,而且还于河北路陆续增设了霸州、安肃军、广信军榷场。这几个榷场被称为河北路的"四大榷场"。即使在英宗之后,四大榷场的记载也不绝于史。《宋史·食货志》记载:"终仁宗、英宗之世,契丹固守盟好,互市不绝。"北宋的雄州,从军事意义上的北方边防门户,转型成了北宋北方边境的经济特区。

二

以雄州榷场为代表的边境贸易受到北宋和辽两国的高度重视。通过榷场贸易，辽国可以换来他们缺乏的农产品和手工业品，北宋也可以从辽国获得银钱、矿石和马羊等畜牧产品。对北宋来讲，更具战略意义的是，通过宋辽间的榷场贸易，北宋还可以获得一些急需的马匹，用来加强日渐屡弱的军事力量。

《宋史》中有关于宋辽双方的商品贸易的记载。据《宋史·食货下》记载：淳化二年（991年）雄州榷场

▲宁夏邮政博物馆复原的宋代驿使雕塑。一位身手矫健的古代驿使骑着一匹肌肉饱满的骏马，右手挥鞭，疾驰在送信的路上

短暂复置时期，又增加了苏木交易。景德初，榷场交易品种逐渐增加了缯帛、漆器、粳糯糠稻，扩大了贵金属、布、牲畜的交易规模。"非《九经》书疏悉禁之"。可见宋朝交易的商品中，茶、书籍、农产品、丝织品、贵金属、器皿等都是常见的交易品种。其中，茶是宋朝贸易的主要输出品。辽主要输出的货物是银钱、布、羊、马等。但由于军事上的原因，辽朝时常限制入宋的马匹，这样羊便成了各种货物中入宋最多的商品。《宋史·食货志》记载，宋方贸易的货物，"所入者有银钱、布、羊马、橐驼，岁获四十余万。……河北榷场博买

契丹羊岁数万"，"公私费钱四十余万缗"。

显然，和羊相比，马匹才是北宋更迫切想得到的。宋辽榷场贸易之初，辽国对出口物资限制较少，马匹在出口牲畜中占的比重很大。宋朝统治者也特别注意抓住一切可能的机会从辽国获取马匹。《宋会要辑稿·契丹·景德二年六月诏》记载，"澶渊之盟"后，宋真宗"诏雄州，契丹诣榷场求市马者，优其直以与之"。时间一久，北宋军队先前薄弱的骑兵部队逐渐形成规模，战斗力和机动性大大提高，这让辽国决策层深感恐惧。于是，辽国萧绰萧太后下令，私自贩马到中原者，格杀勿论。对此，辽国颁布了极严格的禁令，李焘《续资治通鉴长编》卷八十二记载，辽国规定"每擒获鬻马出界人，皆戮之，远配其家"。《辽史·耶律唐古传》记载，辽严禁马匹的走私，耶律唐古曾"严立科条，禁奸民鬻马于宋、夏界"。

三

辽国越是禁止向北宋贩卖马匹，越显示出马作为商品和战略物资的紧俏，其中的利润就越丰厚。陈宏茂在文章《试论宋辽间的榷场贸易》中认为，

▼辽、宋、西夏、金、元立国时间一览表

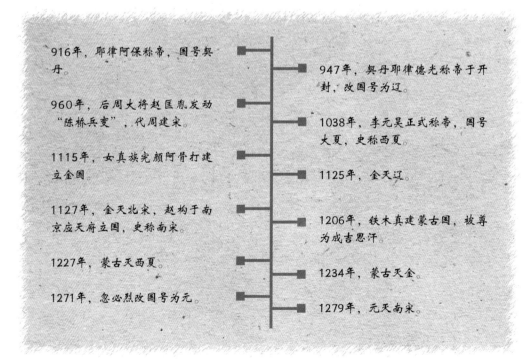

916年，耶律阿保称帝，国号契丹。

947年，契丹耶律德光称帝于开封，改国号为辽。

960年，后周大将赵匡胤发动"陈桥兵变"，代周建宋。

1038年，李元昊正式称帝，国号大夏，史称西夏。

1115年，女真族完颜阿骨打建立金国。

1125年，金灭辽。

1127年，金灭北宋，赵构于南京应天府立国，史称南宋。

1206年，铁木真建蒙古国，被尊为成吉思汗。

1227年，蒙古灭西夏。

1234年，蒙古灭金。

1271年，忽必烈改国号为元。

1279年，元灭南宋。

▲辽代河北承德双塔山，两块棒槌一样的巨石上都有一座似庙非庙的古代建筑

以雄州権场为代表的河北四権场所走私的货物，涵盖了所有宋朝所禁之物，并在食盐、马匹、粮食、钱币、书籍的走私数量上最为可观。由于可以获得暴利，雄州地区的马匹走私贸易异常猖獗。丰厚的利润使得権场官兵都加入到走私的队伍中来，公然为走私大开方便之门。宋朝官府也急需战马，补充军力，对能搞到战马的商人进行的私相授受，一律暗中支持。这样一来，権场外的走私贸易异常活跃，这就扩大了双边贸易规模，権场官员也多了灰色收入的进项。李焘《续资治通鉴长编》卷五十一记载："旧日女真卖马，岁不下万匹，今已为契丹所隔。"由于正常的政府间合法马匹贸易被严格限制，于是在宋辽边境，宋人偷盗辽马和辽人偷卖马匹的现象非常普遍。《宋会要辑稿·刑法二·禁约》记载，大中祥符五年（1012年），宋也曾诏禁沿边民"盗契丹马趣近南州军贸市"。宋朝的禁令是在澶渊之盟之后，目的是为了保障政府的财政收入。但由于走私马匹的利润巨大，实际上根本禁止不了。《宋会要辑稿》记载，大中祥符七年（1014年），"六月九日，河北沿边安抚司言民王习于北界买到马三匹"。辽和北宋针对马匹走私而颁布的禁令，也从另一方面说

明马匹走私的普遍。

一千多年前，地处中原的北宋王朝，搁置辽宋两国的争议，通过经济手段唤醒了雄州的边贸潜力。尽管有不少人认为，澶渊之盟是懦弱的北宋政府牺牲经济利益和一些领土换来的屈辱和平，这样做更像是在破财消灾。但客观地讲，它给宋辽双方带来的和平红利却是长期的。苏辙评价道："修邻国之好逮今百数十年，而北边之民不识干戈，此汉唐之盛所未有也。"站在更客观的角度，黄仁宇说："澶渊之盟是一种地缘政治的产物，表示这两种带竞争性的体制在地域上一度保持到力量的平衡。"站在中华民族的角度考虑，包括雄州榷场在内的北宋与辽国的边境贸易，以及由此带来的长时间和平与交流，更加符合中华民族全体的长远利益。

吴挺铁骑抗金兵

——甘肃成县《吴挺碑》

▼耸立在甘肃成县县城北的《世功保蜀忠德之碑》

在甘肃成县城北1.5千米的田野中，耸立着一座高大的石碑，全称为《世功保蜀忠德之碑》，简称为《吴挺碑》，为南宋抗金名将吴挺墓园的记功碑。南宋政权建立之初，陇南成为宋、金争夺的主战场之一。吴玠、吴璘、吴挺三位将军驻师陇南，扼守"蜀口"近百年，迫使金军丧师数十万，形成宋金对峙的局面，使南宋朝廷得以偏安东南。为表彰吴氏一门两代三将世守西陲，捍卫巴蜀之功，南宋王朝于庆元四

▲黑龙江省政府在哈尔滨市设立的金东北路界壕边堡遗址碑

年（1198 年）春为吴挺在成州（今陇南成县）北郊营建陵园，勒石记功，嘉泰三年（1203 年）十月竣工。碑顶为鎏金篆额"皇帝宸翰"四字，碑阴额篆"世功保蜀忠德之碑"，碑文共 8416 字。除了详尽记述了吴挺家世和他参与的宋金在甘肃境内的德顺之战、瓦亭之战、巩城之战等战役之外，还特别提到吴氏两代三人"置互市于宕昌，故多得奇骏。辛巳之战，西路骑兵甲天下"的功绩。那么，吴氏一门两代为何要在宕昌市马呢？

一

北宋初年，出于军事需要，朝廷始终把获取战马放在重要的战略位置来考虑，采取了一系列措施来保证朝廷对战马的需求。因为中原内地不是发展畜牧业的最佳地域，所以战马主要从西北、西南等以游牧为主要生计手段的地区获得。在宋朝的不同时期，朝廷买马的地域是不断变化的。

北宋初年，朝廷主要在河东、陕西、川峡三路购买战马。据《宋史·兵志》记载，至宋太宗雍熙（984—987）、端拱（988—989）年间，购马主要在"河东则麟府丰岚州、岢岚火山军、唐龙镇、浊轮砦，陕西则秦渭泾原仪延环庆阶州、镇戎保安军、制胜关、浩亹府，河西则灵、绥、银、夏州，川峡则益文黎雅戎茂夔州、永康军，京东则登州"。但是，在党项族首领赵德明占据黄河以南的地区之后，北宋朝廷只能在环、庆、延、渭、原、秦、阶、文等州和镇戎军等地市马。根据景德三年（1006 年）四月朝廷所定的诸州买马额来看，当时立额的秦州、渭州、府州、阶州、环州、火山军、保德军、文州、岢岚军九州军共定蕃部马额为 30861 匹，省马为 3234 匹，其中秦州和阶州最多。

到了宋仁宗景祐五年（1038年），李元昊建立西夏，开疆拓土，很快占领了西北的广大地区，北宋战马的来源断绝。为了解决这一问题，从宋神宗熙宁四年（1071年）起，朝廷用了3年时间收复了熙（治今甘肃临洮县）、河（治今甘肃临夏县东北）、洮（治今甘肃临潭县）、岷（治今甘肃岷县）、叠（治今甘肃迭部县境）、宕（治今甘肃岷县境）等州，幅员两千里，受抚蕃部30余万帐，设置了熙河路。这里北与回鹘相通，西与青海吐蕃相接，"商贾通行，马源丰裕"，成为"熙宁最出产战马之地"。所以北宋朝廷"后开熙河，则更于熙河置买马司，而以秦州买马司隶焉。八年，遂置熙河路买马场六，而原、渭、德顺诸场皆废。继又置熙河岷州、通远军、永宁砦等场，而德顺军置马场亦复。……自是，国马专仰市于熙河、秦凤矣"（《宋史·兵志·马政》）。从这个记载来看，以茶博马的买马场基本都集中在陇右的熙秦河湟地区。

二

建炎元年（1127年），宋高宗赵构南渡后，金军便开始大规模向陕西用兵，陇右多数地区陷落，自汉唐以来经陇右通往河湟和青藏高原东部地区最主要的通道不再由宋朝所控制。这时候，陇南就成了宋金对峙的西北前线、阻止金人南下入蜀的北大门，宋金在这里展开了拉锯战。

南宋时期，战马需求量非常大，当时朝廷也在四川和广西开设博马场。据史书记载，"从元丰至大观初，川边嘉、雅、黎、戎、泸五州及南平军等处，也'岁与蛮人为市'"。但是这种"产于西南诸蛮"的羁縻马"格尺短小，不堪行阵"，而"生于西边，强壮阔大，可

▼《吴玠、吴璘祝捷壁画》，表现了吴氏兄弟战胜金兵，凯旋后的场景

备战阵"的战马，主要为"黎昌、峰贴峡、文州所产"（李心传《建炎以来朝野杂记》，甲集卷18）。这种马又被称为"西马"，是一种小型骑乘重马，产于当时的吐蕃、党项及其邻近地区，又特称为"秦马"。当时的岷州和阶州是"西马"的重要互市地，据《宋史·食货志》记载："南渡以来，文、黎、珍、叙、南平、长宁、阶、和凡八场，其间卢甘蕃马岁一至焉，洮州蕃马或一月或两月一至焉，叠州蕃马或半年或三月一至焉，皆良马也。"这些地区购得的"西马"都是上好的战马。

在今岷县南120里宕昌寨，是南宋重要的市马场，朝廷在这里派遣官员负责买马事宜。据《宋会要辑稿》记载，绍兴二十一年（1151年），"诏西和州管下宕昌马场添买马官一员"；绍兴三十年（1160年），"殿前司差向昌务前去宕昌监视买马"；隆兴二年（1164年），"差统领官孟庆孙前去宕昌等处，同共监视买发"；乾道八年（1172年），又于西和州置添差通判一员"专任宕昌监视买马"。由于仅岩昌置库就"收支买马钱粮、茶绢数百万贯"，"年额买马，几近万匹，出纳钱物浩瀚"，所以都大茶马司申请，分别铸造"西和州宕昌买马之印"和"茶马司宕昌茶帛库记"两方铜印。这些都说明宋金对峙时期，宕昌寨是全国最大的茶马互市的市场之一。正如尚平在《南宋马政研究》一文中所说："在几乎整个南宋时期，朝廷所需的西北边马基本上是通过西和州的宕昌寨和阶州的峰贴峡及文州马场获得，其中宕昌寨和峰贴峡两地的市马量和马匹质量之优，使得这两地的边马互市在南宋市马中占有最重要的地位。"

▼甘肃成县鸡山，曾目睹过吴氏一家的赫赫战功

三

南宋从西北招引蕃部通过茶马互市获取战马是在绍兴三年（1133

年），开创者是吴挺的父亲吴璘，"自陕西既陷，买马路久不通。至是荣州防御使、知秦州、节制阶、文军马吴璘，始以茶彩招致小蕃三十八族以马来市。西马复通，盖起于此"（《建炎以来系年要录》卷六十六，"绍兴三年六月癸丑"条）。到了绍兴六年（1136 年）四

▲扬州是宋金对峙的前沿，也是经贸、文化交流的重要节点。图为保存下来的江苏扬州宋代东门城楼

月，"时宣抚副使吴玠遣仁辅（即薛仁辅）与其子忠训郎拱偕来奏事，且进所市西马千匹"。绍兴七年（1137 年），朝廷将原来川陕两处的茶司、马司，合并为一司，为"都大提举茶马司"。之后，宕昌寨作为市马场所纳入茶马司管理之下。绍兴十二年（1142 年），当时川陕宣抚副使郑刚中称，"陕西买马见今止是宕昌一处，茶马司见差官在彼买发"（《建炎以来系年要录》卷一百四十七，"绍兴十二年十二月己卯"条）。这是宕昌寨在南宋作为秦司重要的市马场所在地的明确记载。

宋高宗绍兴十五年（1145 年），"宕昌寨、峰贴峡三千八百匹，系秦司"（《建炎以来系年要录》卷一百五十四，"绍兴十五年十一月癸亥"条）。到绍兴二十七年（1157 年）时，"茶马司岁额收买西马，西和州三千六百余匹，除二分七百二十匹应副四川制置司外，余数并阶州五百匹循环拨付殿前马步军司"。西和州与阶州市马的定额已是 4100 匹，增加了 300 匹。但是，朝廷仍在此时下诏要求继续增加市马数量，"诏令茶马司于西和州阶州岁额外，更措置增添博买。先具每岁添买数目申枢密院"（《宋会要辑稿·职官》）。绍兴后期的秦司市马有明显增加，到宋孝宗乾道二年（1166 年），"阶之峰贴峡、西和之宕昌两处年额共买马四千一百五十匹"（《宋会要辑稿·职官》）。

▲青藏高原茶马古道上最高的山口——米拉山口，是林芝到拉萨的必经之地

　　从绍兴十年（1140年）川秦纲马东运后，来自宕昌寨等秦司的西北马匹很快受到南宋朝廷和地方军队的青睐。绍兴二十四年（1154年）十二月，朝廷诏令说："西和州宕昌县、阶州峰贴峡两处买马场，每岁起发纲马赴枢密院，押纲使臣不得其人，喂养失时，多致倒毙。可自二十五年为始，循环拨付殿前、马、步三司。如二十五年并拨付殿前司，二十六年分拨马、步军司，二十七年却拨付殿前司。周而复始，皆循此三年为例。仍令逐司当拨马年中，每一纲选差有心力使臣一员，军兵三十人，就买马场团纲起发，赴枢密院交纳。赏罚依已降指挥。"（《宋会要辑稿》）可见西北马几乎为三衙军队所专用。

　　南宋朝廷曾一度下令停止茶马交易，致使军中无战马可驭。所以，在《吴挺碑》中有这样的内容："自张松典榷牧，始奏绝军中互市，听其给拨，故所得多下驷，数辄不充。公叹曰：'马者，兵之用也，吾宁罢去，不忍一旦误国重事。'即条奏利害，以谓军中市马，行之三十余年，有骑兵精强之声，而无岁额侵损之害，不宜更变。（张维《陇右金石录》）最后，朝廷下令恢复茶马交易，"特许市七百匹，西陲骑军，于是复盛"。大量战马不仅使得吴氏两代三将守卫了陇南这个入蜀的大门，还从陇南输送了战马到京师及各地南宋军队中，增强了宋军的战斗力，让岳飞带领的岳家军所向无敌，让韩世忠在黄天荡消灭十万金兵，正所谓"西路骑兵甲天下"。

横山买马有山寨

——广西田东县宋代横山寨遗址

　　横山是今广西壮族自治区田东境内右江河谷的一座山岭，延绵数里，横亘在河谷平原上，因"山势蜿蜒横烈"，故取名为横山。在横山的怀抱之中，有一个古遗址，城墙底宽 12 米，残垣约高 4 米；东、西、北三面均有护城河，东南西北四门的轮廓依稀可辨。整个遗址南北宽 4 千米、东西长 5 千米，面积 20 平方千米，城内虽然荒草萋萋，但发现了很多残砖碎瓦。据专家考证，

▼甘肃康县茶马古道博物馆还原的宋代茶马互市场景

▲广西横山寨开设马市

这个遗址就是历史文献中的横山寨。公元 971 年，宋朝在横山县设置军事机构横山寨。公元 1133 年，南宋高宗于横山寨置马市。横山寨从军所向民间博易场的发展，见证了中原与西南并延伸到东南亚的茶马互市的那一段历史。

一

横山寨的历史非常悠久。据史书记载，唐朝时期在这里设立邕州朗宁郡横山县；北宋时期，朝廷设立了军事行政单位横山寨；到南宋时期，在邕州横山寨设博易场，形成著名的横山马市。横山马市是南宋时期最大的马市，古遗址位于现在百银村的上寨、下寨和银匠三个屯。据当地老百姓说，所谓的银匠屯，就是当年打造金银首饰、铸造钱币工匠集中的社区；现在的平马镇，就是当年横山寨的马匹交易场所；平马镇的上法村（"上法"，壮语"铁匠"）就是锻造马掌、制造兵器的铁匠集中的地方。

茶马互市始于唐代，兴盛于宋代。兴起的原因，如《滴露漫录》所说："茶之为物，西戎、吐蕃，古今皆仰食之，以腥肉之食，非茶不消，青稞之热，非茶不解，是山林草木之叶，而关国家大经。"从北宋开始，南方的茶马古道开始兴盛。宋真宗就把茶马贸易当作一种政策，他认为，"买马之法，不独番收国马"，亦因"招来番部"。从这时开始，朝廷已开始在广西买马。《岭外代答》记曰："自元丰年间，广西帅司已置于办公事一员于邕州，专切提举左、右江峒丁同措置买马。"绍兴六年（1136 年），翰林学士朱震认为："今日干戈未息，战马为急，桂林招买，势不可辍。"（《续资治通鉴》卷一百一十七）泸州知州何慤也说，"西南夷每岁之秋，夷人以马请互市，则开场博易"，是"庸示羁縻之术，意宏远矣"。乾道四年（1168 年）八月一日，兵部侍郎陈弥作也说："祖宗设互市之法，本以羁縻远人。"所谓"招来""羁縻"其实质是用经济手段达到"上不失祖宗羁縻之德，下不误诸军缓急之需"（陈汛舟《南宋的茶马贸易与西南少数民族》），即实现巩固对少数民族的统治，达到换取战马的目的。

据专家考证，南方茶马古道东线的起点是广西田东县的古城横山寨，从横山寨经德保、靖西、那坡，云南的富宁、昆明，到达大理，再延伸到缅甸、印度直至西亚。作为这条古道东端的横山寨，到南宋绍兴年间盛极一时，成为"中国西南最大的贸易市场"和重要兵寨。

二

南宋时期，南方茶马交易兴盛，主要是因为战争频繁，先有金人势力不断南下，"五路继失"；后有元的进攻，狼烟四起，干戈不息。为抵抗金、元的侵扰，战马成为南宋王朝军事上的第一需要。"绍兴合议"之后，关陕买马之路不通。《宋史·韩肖胄传》记载："时川、陕马纲路通塞不常，肖胄请于广西邕州置司，互市诸蕃马，诏行之。"而战争日趋激烈，战马作为冷兵器时代主要的战略物资，对战争的胜败起着非常关键的作用。南宋建炎三年（1129 年），"立格买马"，又令"括买官民马"，可见当时战马已经非常缺乏。在这种背景下，最先提出在广西买马的是提举广西峒丁李棫，史载"建炎末，广西提举峒丁李棫，始请市战马赴行在"（《建炎以来朝野杂记》）。自此之后，广西就成为宋朝廷重要的市马地区。明代《广西通志》的编纂者苏濬以为："宋时西北之骏不充，内厩不获，已而开马市于邕。"这就是南宋时期朝廷在广西设马市的背景。《宋史·高宗本纪》记载："绍兴三年（1133 年）十一月丁丑，命宾、横、宜、观四州市战马。"宾州即今广西宾阳县，横州即今广西横县，宜州即今广西宜州市，观州在今广西南丹县。就在这一年，朝廷在邕州置市马司提举，邕州市马司于横山寨设博易场作为马市。

当时将市马的博易场设于邕州横山寨，是由这里的地理位置决定的。横山寨交通便利，靠近右江边，是宋代著名的水陆交通枢纽，是邕州通往云南的通道口。走水路，横山寨东可下邕州、梧

▲各地的马匹不断地汇聚到横山寨

州，经珠江水系又可从灵渠进入长江水系，经湘水、洞庭进入中原；江南的商品下漓江、郁江进入右江，船运到横山寨；往西沿右江、西洋江、驮娘江可往云南；往南经右江东下拐夸左江可通往交趾。走陆路，从横山寨出发经广西德保、云南富宁可将商品流通到西南各地，直至缅甸、印度甚至西亚，这就是历史上有名的茶马古道。

三

绍兴三年（1133 年）在邕州横山寨设马市之后，"诸蛮感悦，争以善马至"。（《宋史·赵雄传》）广西虽然产马，但产量显然不足，大理等地就利用这个市场销售马匹，这是横山寨马市货源充足、历久不衰的主要原因。据历史文献记载，南宋朝廷从广西买马的数量巨大，如《宋会要辑稿》载："绍

兴六年（1136 年）五月二十三日，提举广南西路买马司言：富州侬内州郎宏报，大理国有马一千余匹，随马六千余人，象三头，见在侬内州，欲进发前来。"大理一地一次即运送 1000 多匹马，可见横山寨马市交易之大。绍兴七年（1137 年）胡舜陟为广西经略司，一年之中就买马 4200 匹，远远超过定额，受到高宗的奖赏。后来贸易数字又有较大增加。《岭外代答》记载："岁额一千五百匹，分为三十纲赴行在。绍兴二十七年，令马纲分往江上诸军，后（诸军）乞添纲，令原额之外，凡添买三十一纲，盖买三千五百匹矣。此外又择其权奇以入内厩，不下十纲。"按宋制，"常纲马一纲五十匹"，也就是说，绍兴二十七年之后，广西马市买马增加到了 3550 匹。隆兴二年（1164 年）八月七日，广南西路经略提刑司言："邕州提点买马司每年买马，以金银等与蛮人从便折博……契勘绍兴十六年（1156 年）买马二千三百四十匹，支过金银等。"（《宋会要辑稿》）。

南宋在广西设置马市之后，产生了良好的效果。据《建炎以来系年要录》载："绍兴二年（1132 年）六月，乃命经略司，以三百骑赐岳飞，二百赐骑张

▼绘画里表现的南宋商业贸易场景

俊，又选千骑赴行在（杭州）；绍兴三年又赐给韩世忠七百匹。"岳飞、韩世忠、张俊等一批抗金名将就是凭借这些战马在抗金战争中取得了一定的胜利。之后，马市的贸易额越来越大，购买马匹越来越多。

除了采购战马，横山寨也是其他物资和多民族文化交流的中心。周去非的《岭外代答·邕州横山寨博易场》记载：横山寨博易场"蛮马之来，他货亦至。蛮之所赍，麝香、胡羊、长鸣鸡、披毡、云南刀及诸药物。吾商贾所赍，锦缯、豹皮、文书及诸奇巧之物"。这个记载反映了大理国与南宋以马市为主，开展多种贸易的盛况。南宋用来交换的商品，除了盐、瓷器、铜器和丝绸之外，还有大量的书籍。范成大《桂海虞衡志》记下了乾道九年（1173 年）大理人李观音得、董六斤黑、张般若师等 23 人至横山寨议马时，列出一张所需之书清单，包括《文选五臣注》《五经广注》《春秋后语》《三史加注》《五藏论》《大般若》等，以及《初学记》《张孟押韵》《切韵》《玉篇》等百家之书。可见横山马市还是一个重要的文化互动与交流的场所，深刻地影响了西南地区的文化形态。

随着军事和民间贸易的发展，中原汉人来到西南的横山马市，与当地各民族人民集中在一起，促进了民族文化互动交流。大量汉人定居横山寨及其周边，带来了中原的先进文化。横山寨不仅是壮族古代的经济繁华之地，也是文化昌盛之都。但是当年横山寨那种商贾云集、万马奔腾的繁华景象，在蒙古骑兵南下之后就烟消云散。南宋末年，蒙古大军从西南迂回攻打南宋，战火中，横山寨只剩下一片残垣断壁，无言地诉说着当年的浩劫。

赛马大理为选贡

——云南大理三月街"赛马会"

西南边地大理苍山如屏，洱海如镜。"一水绕苍山，苍山抱古城"，苍山洱海环抱的大理古城百花盛开，古木成荫。每年三月十五日，在古城西门外苍山中和峰下，都要举行"三月街"活动。这个起源于唐朝高宗永徽年间（650—655）已经延续了1300多年的讲经庙会，自宋代以后逐渐发展成以骡马等大牲畜交易为主的中国西南地区乡村集贸中心。近现代以来，虽然街市

▼图为云南洱海鸬鹚捉鱼的场景

买卖的商品有所变化，但电影《五朵金花》所唱的"一年一回三月街，四面八方有人来，各族人民齐欢笑，赛马唱歌做买卖"的传统一直还在延续。在一系列盛大的活动中，赛马活动尤其精彩，盛况空前。三月街的赛马活动，与这个街市曾经是西南地区最大的马市有关。

▲三月街赛马已经有一千多年的历史

一

　　大理马是唐宋时期云南的著名马种，最为著名的是"越赕马"。据《新唐书·南诏传》记载："越赕之西，多荐草，产善马，世称越赕骏。"唐代樊绰的《蛮书》记载，这种越赕马出"越赕川东面一带"，这里"泉地美草"，草地开阔，属水草丰美之地，具备养好马的必要条件，是南诏政权的主要养马场。越赕马的特点是尾高，尤善驰骤，可日驰数百里。除越赕马外，南诏的另一个重要养马场在洱海地区，"唯阳苴咩（今大理）及大厘（喜洲）、邓川各有槽枥，喂马数百匹"。洱海东岸的大理、喜洲和邓川一带自古以来就是产好马的地区。

　　据文献记载，越赕川和洱海地区出产的马，是由当地白族先民采用修造厩舍"槽枥"的方法喂养的。樊绰《蛮书》就记录了这种喂养方法："三年内饲以米清粥汁，四五年稍大，六七年方成就。"在3岁以内，主要采用米清、粥汁等喂养越赕马幼驹，经四五年稍大，六七年后方能成为一匹好马。《新唐书·南诏传》也记载："（越赕骏）始生若羔，岁中纽莎縻之，饮以米潘，七年可御，日驰数百里。"在这样精心的喂养之下，越赕马成为中国西南地区的名马。由于养马业很发达，南诏政权还专门设立了一个机构，对之进行管理。

主管称为"乞托"，与管理牛的"禄托"、管理仓库的"巨托"并列，由清平官、酋望、大军将等高官兼任。

南诏统治者在唐朝廷的帮助下，统一了原居于大理地区的乌蛮所建立的"六诏"。为了感谢唐朝廷的恩德，南诏建立后一直向唐朝廷称臣贡物。贞元十年（794年），"九月，异牟寻遣使献马六十匹"（《旧唐书·南诏蛮传》），南诏王异牟寻将大理马作为本地所产名物进献朝廷。这应该是史书中有关大理马流通到中原的最早记载。除了作为贡品，大理从西南输入中原的马可能还不算多。

二

到了宋代，中国北方产良马的地区，东北为辽国所占，西北先为西夏国所占，后又被金国隔断。宋朝失去了东北和西北马匹的来源，只好另寻马源，从大理国购入云南马为其中之一。陆游的龙眠画马记载："国家一从失西陲，年年买马西南夷。"北宋中后期，军马主要从云南、四川等地购买，而三月街又是云南马、驴、牛等大牲畜的主要市场。宋朝廷常派人在三月街上大量选购

▼贞元十年（794年），唐使崔佐时与异牟寻会于点苍山。南诏向唐朝廷称臣后，开始不断向朝廷进贡良马

军马。据宋代杨佐《云南买马记》记载，北宋神宗熙宁七年（1074 年），峨眉进士杨佐应募到大理国买马，经过姚州（今姚安、大姚）、云南驿（今祥云）到达大理，记其路上所见所闻。据该文记载："熙宁六年（1073 年），陕西诸蕃作梗，互相誓约不欲与中国贸易，自是蕃马绝迹而不来。明年，朝旨委成都路相度，募诸色人入诏，招诱西南夷和买。峨眉有进士杨佐应募，自倾其家赀，呼不逞佃民之强有力者，几十数人，货蜀之缯锦，将假道于虚恨，以使南诏。"路上历经艰辛，终于受到"八国王"的召见，办好了买马之事而回。又谓次年云南蕃人贡马若干到寨，因"陕西诸蕃就汉境贸易如初"，"钤辖司即下委嘉州通判郭九龄前视犒劳，且设辞以绐之，谓本路未尝有杨佐也，马竟不留。初，佐受云南八国都王回牒，归投帅庭，后缘颁示九龄，遂掌在嘉州军资库"。（杨佐《云南买马记》）

这些文献记载说明，至迟在北宋神宗熙宁七年（1074 年），大理马就已经由峨眉进士杨佐贩运到了中原。到了南宋时期，大理更是南宋朝廷战马的主要来源。南宋建炎三年（1129 年），广西提举官员李棫曾遣董文等 12 人赴大理国的善阐府（今昆明），请求在广西的邕州横山寨市马。大理国王对此非常重视，不仅答应了此事，随后还备马千骑，先选 50 骑样马遣臣张罗坚赴横山寨交易，以求与宋王朝进一步市马（《宋会要辑稿》）。绍兴六年（1136 年）翰林学士朱震说："按大理国本唐南诏，大中、咸通间，入成都，犯邕管，召兵东方，天下骚动。艺祖皇帝鉴唐之祸，乃弃越嶲诸郡，以大渡河为界，欲寇不能，欲臣不得，最得御戎之上策。今国家南市战马，通道远夷，其王和誉遣清平官入献方物。陛下诏还其直，却驯象，赐敕书，即桂林遣之，是亦艺祖之意也。"从这时起，大理马才大量流向中原地区。

三

南宋王朝看中大理马，一方面是因北方各地战马因敌对而无法获得，大理国不仅贡马，"七年二月，至京师，贡马三百八十匹及麝香、牛黄、细毡、碧玕山诸物"，而且大理国主动提出售马的请求，"绍兴三年（1133 年）十月，广西奏，大理国求入贡及售马"（《宋史·大理传》）。另一方面是因为大理马是当时非常出名的战马。宋代范成大撰的《桂海虞衡志》说："蛮马，出西南诸

▲今天，大理马已经很少，但仍然保留了其祖先的风骨

蕃，多自毗那、自杞等国来。自杞取马于大理，古南诏也。地连西戎，马生尤蕃。大理马，为西南蕃之最。"大理国的"西马"，很可能由南诏时的越睒马改良而来，体型高大，极善驰骋，在战争中有如虎添翼的作用。据文献记载，南宋绍兴二年（1132年），命广西经略司买广马，以三百骑赐岳飞，以二百骑赐张俊，以七纲（350骑）赐韩世忠，这些所谓的广马，其实大都是大理马。

有宋一代，朝廷以金、银、盐、彩帛和诸色钱购买大理马。据《岭外代答》记载："经司以诸色钱买银及回易他州金、银、彩帛，尽往博易。以马之高下，视银之重轻，盐、锦、彩缯，以银定价。"除金、银外，食盐也是宋朝交换大理马的经济物质。据史料记载："敕令广西经略司以盐博马，其后岁拨钦州盐二百万斤与之。"大理马因为品质好，所以价格也很高："（马）须四尺二寸已上乃市之，其直为银四十两，每高一寸增银十两，有至六七十两者。"（《宋史·兵志》）朝廷还为与大理的马贸易制定了详细的政策：不惜其直（价值）、待以恩礼、要约分明、禁止官吏侵欺、信赏必罚等。当时卖给南宋朝廷的很多马匹，可能大部分是在三月街上购买的。

元朝灭大理国以后，为了遍告西南民众，于三月街立了《平云南碑》。明代三月街的贸易非常兴盛，马的贸易也非常活跃，赛马规模也很大："俱结棚为市，环错纷纭。其北为马场，千骑交集，数人骑而驰于外，更队以觇高下焉。时男女杂沓，交臂不辨，乃通行场市。"（徐霞客《徐霞客游记》）清朝大理举人师范有诗云："乌绫帕子凤头鞋，结队相携赶月街。观音石畔烧香去，元祖碑前买货来。"这种情况一直延续到清朝末年，据《大理县志稿》记载：

"盛时百货生易颇大，四方商贾如蜀、赣、粤、浙、湘、桂、秦、黔、藏、缅等地，及本省各州县云集者殆十万计，马骡、药材、茶市、丝棉、毛料、木植、磁、铜、锡器诸大宗生理交易之，至少者亦值数万。"（张培爵、周宗麟《大理县志稿》）从这些记载可以知道，元明清以降，马一直是三月街交易的大宗商品。

在1959年拍摄的电影《五朵金花》中，我们可以看到当时三月街的盛况：大理古城西门外苍山脚下的旷野里，在高耸入云、雄伟壮丽的唐代崇圣寺三塔旁边，雪白的帐篷鳞次栉比，热闹的街市，商贾云集，身着民族盛装的男女老少，徜徉于街场之间，脸上流露着轻松欢快的神情。阿鹏遇见金花，就是他骑着马要赶去参加赛马会的途中。三月街的赛马就是唐代以来大理马以多种方式交易而进入内地的文化遗存。

广马溯源自杞国

——云南泸西金马镇爵册村

泸西县金马镇爵册村，是一个人口一万有余的自然大村。在这个村庄附近出土过许多火葬罐、土陶俑，村后还有一个俗称"烧人山"的地方。在距烧人山仅3公里的旧城路溪白村松坡地，农民王珍能1991年耕地时，老牛踩通了一个火葬古墓。墓中出土了火葬罐和虎头陶俑，墓室底部竖着一块约1吨有余的大青石板。此墓出土的虎头陶俑显示了墓主人的身份不同寻常。学者通过这些遗物和"爵册"这个地名的彝语意思"头人集会议事之地"来推断，这里可能是宋代自杞国的都城。这个位于西南边境的政权，正史缺载，但因为与南宋的"广马"贸易而出现在官员奏议和文人笔记中。那么，自杞国是什么人建立的国家？为什么这个正史不载的国家在"广马"贸易史上留下了浓墨重彩的一笔呢？让我们揭开历史的迷雾，在浩瀚的史籍中去寻找自杞国的蛛丝马迹。

——

据学者研究，自杞国是由彝族

▼宋代茶马古道线路示意图

▲位于爵册村不远处的永宁乡永宁村，保留了1000多间"土掌房"，继承了自杞国居民的建筑风格

先民乌蛮阿庐部落中的弥勒、师宗二部建立的国家。唐朝时期，居于泸西地区的阿庐部，系卢鹿蛮之裔，为唐时乌蛮七大部落之一。据《元史·地理志》记载："广西路（今泸西），东爨乌蛮弥鹿等部所居。唐为羁縻州，隶黔州都督府。后师宗、弥勒二部浸盛，蒙氏、段氏莫能制。"公元902年，南诏国内乱，郑买嗣、赵善政、杨干贞相继篡位，政权先后变更为大长和国、大天兴国、大义宁国。公元937年，通海节度使段思平，联络贵族董伽罗等，在东爨三十七部的支持下，起兵一举攻克羊苴咩城，推翻大义宁国，建立大理国。由于大理政权"其成功实赖东方诸蛮"，故于建国之初"皆颁赐宝贝，大行封赏"，减免徭役。如封乌蛮贵族阿而为罗婺部长，封"乌蛮""些摩徒"部于河阳郡，这些被封的乌蛮贵族都是"世官世禄，管土管民"的大小封建领主。

到了大理国晚期，由于封建领主们的腐败、贪婪与横征暴敛，导致宫廷内乱。公元1094年，国王段廉义为其权臣杨义贞所杀，杨自称"广安皇帝"。4个月之后，鄯阐领主高升泰起兵灭杨氏，改大理国为"大中国"，但是乌蛮37部不服。公元1096年，复立段正淳，史称"后大理"。在整个后大理时期，

▲自杞国领土有一部分位于乌蒙山区。图为昭通大山包鸡公山

高家世代为相，权倾满朝，被称为"高国主"，大理国名存实亡。高氏作为新兴封建领主，加紧了对 37 部土地的侵吞与蚕食，37 部受到了最严峻的威胁。其中具有强烈抗争精神的阿庐部中的师宗、弥勒、吉输等部以泸西金马爵册为都城，以弥鹿川（师宗、泸西、弥勒）为根据地，联合滇东 37 部，建立了地方割据政权——自杞国。

自杞国的范围很广，"南与化外州山僚，北与大理，东与西南夷为邻，西至海，亦与占城为邻"（吴儆《邕州化外诸国土俗记》）。尤中先生在《中国西南民族史》一书中根据周去非《岭外代答》所划出的行程路线推论，自杞国包括今贵州兴义县和云南省的罗平、师宗、泸西、路南、邱北等县在内，而其都城"必罗笼"在今泸西县境，也就是本文开篇所说的今天泸西县金马镇的爵册村。

二

自杞国的崛起，与南宋时期的"广马"贸易有关。所谓"广马"是指宋朝廷由广南西路所买之马。自杞国处于中原宋金严重对立时期，先是北宋被金兵压迫至黄河以南，后是南宋退至淮河与金相抗，失去了大片领土，也失去了战马的西北来源。南宋只得把目光转向盛产战马的云南高原。

绍兴三年（1133年）宋高宗赵构下诏，在广西南宁附近的邕州横山寨开设马市，购买极善驰骋的云南战马。自杞国位于横山寨与大理之间，据《岭外代答》记载，"自杞四程至古城郡，三程至大理国之境，名曰善阐府，六程至大理国矣"。其首领抓住机遇，充分利用虎踞南盘江的区位优势，制定了"贸易立国，贩马兴邦"的经济战略路线。自杞国本不产马，全靠贩马起家，"自杞诸蕃本自无马，盖转市之南诏。南诏，大理国也"。据史料记载："今之马多出于罗殿、自杞诸蛮，而自彼乃以锦绵博于大理，世称广马，其实非也。"

由于战马利润颇丰，东部的罗殿国便想垄断中间人的好处，他们筑关设卡，横加阻拦，强买强卖，甚至抢劫自杞国马队。公元1161年，云南高原，秋高马肥，金风送爽，37部雄兵集结在弥鹿川中，摄政王阿已一声令下，自杞国大军渡迁南盘江，浩浩荡荡。一路斩关夺锁，势如破竹。罗殿国的防御体系土崩瓦解，自杞国的版图迅速延伸，伸向黔南，伸向桂西，伸向红水河，直接和南宋的南丹州相接壤。

在血与火的洗礼后，自杞国几乎垄断了广西马市。南宋邕州官员吴儆的《邕州化外诸国土俗记》记载："蕃每岁横山市马二千余匹，自杞马多至一千五百余匹，以是国益富，拓地数千里，独雄于诸蛮，近岁稍稍侵夺大理盐池（安宁），及臣属化外诸蛮獠及羁縻州洞境上。自杞国广大，可敌广西一路，胜兵十余万大国也。"从此之后，自杞国一跃而为西南强国，独雄于诸蛮。据学者推算，自杞国每年向南宋输送战马均达4000余匹，从公元1133年马市初开至1260年自杞国灭亡，近130年间，自杞国向南宋送去战马50余万匹。

三

西马路断，广马支撑起了南宋战马的半壁江山。而广马中，很大一部分是自杞国自产或从大理贩运来的。当时广西马市的贸易非常兴盛，周去非《岭外代答》记述了当时的卖马盛况："每冬，以马叩边。买马司先遣招马官，赍锦缯赐之。马将入境，西提举出境招之。同巡检率甲士往境上护之……东提举乃与蛮首坐于庭上，群蛮与吾兵校博易、等量于庭下。朝廷岁拨本路上供钱、经制钱、盐钞钱及廉州石康盐、成都府锦，忖经略司为市马之费。经司以诸色钱买银及回易他州金锦彩帛，尽往博易。以马之高下，视银之重轻，盐、锦、彩缯，以银定价。岁额一千五百匹，分为三十纲，赴行在所。绍兴二十七年（1157 年），令马纲分往江上诸军。后乞添纲，令元额之外，凡添买三十一纲，盖买三千五百匹矣。此外，又择其权奇以入内厩，不下十纲。"南宋朝廷为了增强战斗力，在购买战马的过程中不惜血本。早在马市初开的 1137 年，仅邕州一个市马区，便"岁费黄金五镒，中金二百五十镒，锦四百端，绢四千匹，广州盐二百万斤"。从这段史料可以看出，南宋朝廷用于博马之商品有黄金、锦、盐、缯及各种绫罗绸缎。如果以当时每匹银价三四十两至六七十两的平均值五十两计算，自杞国人每年所得白银 20 余万两。丰厚的利润使自杞国人把贩马作为主要的经济支柱，通过战马贸易，使自杞国迅速致富，独雄于诸蛮。

在建立自杞国的滇东大地上，曾经出土了"淳祐通宝""绍兴贸宝""南部马市"等宋人用以购买战马的货币，是南宋和自杞国战马贸易的物证。除了这些钱币之外，在滇东地区还出土了很多这一时期的马文化遗存。其中出土的三彩马，尾巴短，腰短背宽，脖颈粗短，肚小腿健，塑造出了云南高原的马魂。出土的一对土陶马，一匹低头，一匹昂头，此外还有滚地马、白龙马、黄膘马等各种马的造型。这些马站有站相，奔有奔相，千姿百

▼自杞国马贩英勇强悍，为横山寨马市赶来了大量的马匹，几乎垄断了广西马市

态，生动活泼。滇东乌蛮创造了神奇的三彩马，这就是自杞国三彩。它们和乌蛮军民一道，组成了威猛的自杞国方阵，组成了中国强悍的滇东军团。

　　自杞国在南宋初年异军突起，其势力日益强大，无不与广马贸易相关。自杞国以贩马致富，可以说是以贸易立国，以战马经济立国。就在这短短的百余年中，通过战马贸易，自杞势力已超出罗殿之上，一跃而起成为西南地区仅次于大理国的最重要的少数民族政权。但是自杞国贩运来的云南战马并没有挽救南宋的危局。公元 1253 年，元灭大理。1265 年前后，自杞国人曾秘密联盟起义，一起动手杀了家里的鞑子（蒙古军），民间把这段历史称为"杀家鞑子"。这次起义招致了疯狂的镇压，导致整个自杞国的百年辉煌被"淹没"，连史料中都难以找到自杞国的名字。但它断鳞残甲般的文明碎片总会在岁月的尘封中露出朦胧的轮廓，爵册这个地名和附近出土的文物就昭示着揭开自杞国迷雾的时间不会久远。

名山川茶多博马

——四川名山宋代茶马司遗址

在雅安市名山县新店镇 318 国道旁，有一座古建筑。黑色的大门上方，用汉藏两种语言书写着"茶马司"三个黑底金字。进入大门，除了砖木结构的主殿和两侧厢房外，空无一物，冷清寂寥。据老人们讲，历史上这个"茶马司"门庭若市，内地边疆的各族商人，在这里进行茶马交易。据院内石碑记载，这个建筑始建于宋神宗熙宁七年（1074 年），"宋时因连年用兵，所需战

▼四川雅安茶马司遗址

马，多用茶换取。神宗熙宁七年（1074年），派李杞入川，筹办茶马政事于名山，以名山茶易马用"。那么这个遗址到底建造于什么时代？是因何而建的呢？让我们从岁月遗留的只言片语，去寻找这个"茶马司"的历史吧。

▲赵孟頫的《斗茶图》再现了宋代以后人们的饮茶习俗

翻开史书，发现名山在历史上很出名，出名的原因是境内的蒙顶山（古称蒙山）是我国名茶的发祥地。据记载，公元前53年，西汉药农吴理真在蒙顶山移植种下7株茶树。这7株茶树"二千年不枯不长，其茶叶细而长，味甘而清，色黄而碧，酌杯中香云蒙覆其上，凝结不散"。（清赵懿《名山县志》）。从唐玄宗天宝元年（742年），蒙顶山茶即被列为贡茶，"蒙山在县南十里，今每岁贡茶，为蜀之最"（《元和郡县志》）。唐文宗开成五年（840年），日本慈贵大师园仁从长安归国，唐朝皇帝赠给他的礼物中，就有"蒙顶茶二斤，团茶一串"。正因为名山一带产名茶，兴起于唐代的茶马古道就以此为起点，向西翻越二郎山进入藏区，经过康定、昌都，到达拉萨，或者再前行至印度、尼泊尔。

北宋时期，朝廷一直与西夏、辽、金作战，狼烟不断，战马奇缺。当时为了满足战争的需要，朝廷在成都、秦州（今甘肃天水）各置榷茶和买马司，之后榷茶和买马司合署为茶马司。那么这个名山茶马司是不是就建造于那个时期呢？碑文中所说神宗熙宁七年（1074年），李杞入川筹办茶马于成都设置提举茶马司之事，在1080年北宋王存撰写的《元丰九域志》中有"雅安卢山郡、卢山灵关一寨一茶场、名山百丈二茶场、荥经一茶场"的记载，其中的名山百丈二茶场即指此。但是只说在这里建立了茶场，并没有提到在这里设立

▲古代川西水路十分便捷，蜀锦、茶叶、药材、瓷器等都从这里运往长江下游一带

了"茶马司"。

实际上，北宋并没有在名山设立茶马司。根据《全宋文》卷1793记载，宋哲宗元祐元年（1086年）十月，茶马使黄廉在一封奏折上明确说四川的茶马司设于成都；元祐二年（1087年），杨天惠的《都大茶马司新建燕堂记》记载："都大使司……其一寄治秦中，其二则治成都。"到了南宋时期，由于北方被金兵占领，朝廷的统治中心南移，绍兴七年（1137年）四川都大茶马司李迨奏请，将分驻陕西、成都的茶马司，"合为一司，名都大提举茶马司，以省冗费，从之"（《宋史·李迨传》）。从此，南宋王朝的茶马司总治成都。

二

虽然宋代的茶马司不是设在这里，但是在此地设有茶场和博马场。四川历来是产茶之区，宋时四川茶的产量为2100多万斤，此巨额产量除小部分自己消费外，其余大部分都远销到边疆地区，在那里与少数民族进行茶马贸易。北宋初期，朝廷"经理蜀茶，置互市于原、渭、德顺三郡，以市蕃夷之马"

（《宋史·食货志》），"自熙、丰以来，始即熙、秦、戎、黎等州置场买马，而川茶通于永兴四路，故成都府、秦州皆有榷茶司"（《宋史·李迨传》）。

名山茶在北宋中期一直保持每年200万斤左右的产量，仅甘肃熙河一路（今甘肃临洮）交易的名山茶，便占其总量的一半，所谓"熙河茶数四万驮，名山茶占半"。名山茶不但产量大，而且品质优，在易马时深受青睐，估价最高。据记载，"一百斤名山茶可换四赤（尺）四寸大马一匹"，当时"陕西诸州岁市马二万匹，用名山茶二万驮"。正因为名山茶的独有价值，大观二年（1108年），宋徽宗赵佶下诏曰："川茶数品，惟雅州名山，羌人所重。其以易马，毋得他用，余博籴。"（《宋会要辑稿》）

宋代雅州境内的博马场，除了在今名山县的雅州博马场之外，在今宝兴县灵关镇有灵关博马场，在今天全县有碉门博马场，在今汉源县清溪镇有黎州博马场。这些博马场的交易量非常大。如黎州市马场的旧额为2000余匹，嘉祐年间为2100余匹，元符二、三年升至5280余匹。据裴一璞、唐春生《宋

▼图为四川康定南门永安门

交
流
卷

代四川与少数民族市马交易考述》一文统计，建中靖国元年（1101年）宋徽宗下诏不得过4000匹，绍兴年间为3000匹，绍熙四年（1193年）为1014匹，绍熙五年（1194年）至庆元元年（1195年）1502匹，庆元后3000匹。这些马大多是通过以茶换马的方式得到的。

宋朝博马场的设置多集中在太宗、神宗、高宗三朝，这当与宋同辽、西夏、金的战事有关。如神宗熙宁七年（1074年），因"熙河用兵，马道梗绝，乃诏知成都府蔡延庆兼提举戎、黎州买马，以经度其事"（《宋史·兵志》）；熙宁九年（1076年），对夏战事结束，于该年四月罢四川买马司。元丰六年（1083年），因"军兴乏马，复命知成都吕大防同成都府、利州路转运司，经制边郡之可市马者"（《宋史·兵志》）。博马场的兴废以战场的需要为根据。

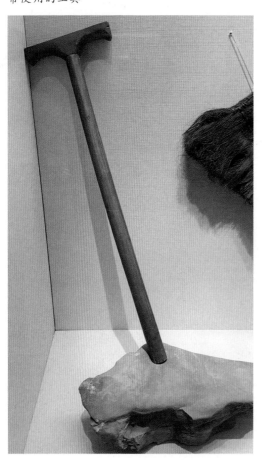

▼雅安博物馆收藏的"丁"字拐，是运茶工最常使用的工具

三

到了南宋时期，战马的需求量很大，朝廷将茶作为换取战马的重要物资，但是原来的榷茶买马制度限制了茶马的交易。高宗建炎元年（1127年），成都府路转运判官赵开上奏，列举榷茶买马五害，请尽罢川茶官榷，恢复自由买卖，变茶息为茶税，改"榷茶制"为"茶引制"。高宗准奏，并令其主管川秦茶马。

赵开推行"茶引制"，就是由茶商向官府缴纳款后，官府按茶商认"引"额数发给引票，相当于今天出口商品的许可证或配额。茶商凭引票方可上市经营。据《宋史·食货志》记载："二年（指建炎二年）开至成都……以引给茶商，即园户市茶，百斤为一大引，除其十勿算。""每斤引钱春七十、夏五十，市利头子钱不预焉。"引票上对销售地点也进行了限制，官府凭茶商认引票数量和实际销茶数量收税钱，将交易的具体过程交给民间商人。赵开的改革，推动了四川边茶生产，促进南宋的"茶马互市"。据史料记载，建炎四年（1130年），朝廷仅从茶商纳税就获银一百七十余万缗，从西藏易马超过万匹。

由于南宋国土缩小，西北马场丧失，朝廷只能依靠雅州及周边的博马场开展以茶易马。为了能够更多获得战马，南宋买马官员还"预期说谕番客"，鼓励他们积极贩马来市，并且"厚以金缯，饵之以利"，如"……黎、文、叙州置场处，委属官说诱番羌，于价外增支犒赏锦彩、酒食之类，每匹不下用茶七驮，准绢十匹"（《宋会要辑稿》）。对各民族首领"自部以马求互市"者，还要增加马价以示"招来"。

绍兴七年（1137年），宋高宗专门下诏："川陕茶当转以博马。"茶是许多兄弟民族有甚于米盐的生活必需品，以其博易，即能达到"马至日众"的目的。由于马少茶多，一度出现马贵茶贱，造成互市萎缩。宋宁宗嘉定三年（1210年），宋朝廷颁诏："文臣主茶，武臣主马。"力图恢复昔日"茶马互市"元气。但是这时的南宋只是一个偏安江南的小朝廷，早已丧失重振山河的大志。到南宋末年，茶政出现空前荒废，"茶马互市"已名存实亡。

名山设立"茶马司"应该是明朝洪武四年（1371年），朝廷在全国设置的秦（甘肃天水）、洮（甘肃临潭）、河（甘肃临夏）和雅（四川雅安）四个"茶马司"中，雅安茶马司即为其一，也就是今天的名山县新店镇的这座茶马司。到清朝康熙四十四年（1705年），官营茶马交易制度终止，这个茶马司一度废弃。现在名山新店的"茶马司"，其实是清道光二十九年（1849年）在对明代茶马司修缮的基础上改造而成的一座寺庙，称为"长马寺"。2004年，当地政府对这里进行了重新改造，长马寺又恢复为茶马司。但是曾经商贾繁荣、骡马如织的茶马司，如今空空如也，但那些散落在地上的建筑构件，遗留下的院子和建筑，却向过往的人们诉说着藏马换边茶的悠长故事。

栈道驿路走纲马

——甘肃舟曲石门沟古栈道

从陇南嘉陵江支流岷江与白龙江的两河口镇向东 1.5 公里处，有一条石门水自南而北经甘南舟曲县大川镇石门沟、石门坪二村注入白龙江。石门位于石门村村北，东西二山在此对峙如阙，形成约 15 米宽、80 米高的"石门"景象。近年来，在东西二山的崖壁上，有学者发现了古栈道遗址。栈道遗迹东西长约 200 米，遗存古栈道孔近 190 孔。在西石门东壁有镌刻于宋皇祐四

▼甘肃石门沟古栈道遗址

▲ 宋初市马名镇阶州五寨示意图

年（1052 年）的《朱处仁题记》。《题记》所言故城镇、峰贴城、平定关、武平、沙滩等都是宋代茶马交易的重要地点。这处栈道遗迹和《朱处仁题记》摩崖为我们提供了宋代熙河、秦凤等路茶马交易与运输的实物依据。

一

石门沟栈道镶嵌在石门东西两壁，东石门栈道长近 150 米，今存栈道孔约 140 个。东北岩壁转为弧面，栈孔较密集，前后间隔约 3 米，有些地方上下排列多达三五层，栈孔方形，口径约 20 厘米，稍低处又有 10 厘米左右的小方孔伴随；东南端栈孔渐稀疏，并变为单排。西石门栈道长约 60 米，今存栈道方孔 46 个，底层部分栈道孔已被不断上升的河床遮盖，中段近河床底层栈孔尤粗，最大者口径 30×28 厘米，这极有可能是连接东西石门的桥梁道孔。距底层栈道 10 余米高处，另有一条栈道自北向南斜上延伸。

据学者研究，石门关古栈道是古代阴平道的一段。阴平道是秦汉以来武都郡、阴平郡境内的陇蜀交通要道，左接桓水，途经甘肃省岷县、宕昌县、舟曲县、陇南市武都区，下至文县玉垒关。这里山大沟深，水流湍急，"栈道千

▲石门关古栈道位于白龙江边。这里山大沟深，水流急湍，是古代阴平道的一段，邓艾父子伐蜀时经过这里

里，通于蜀汉"，是"难于上青天"的蜀道的最危险的一段。当年邓艾伐蜀走的就是阴平道，"行无人之地七百余里，凿山通道，造作桥阁。山高谷深，至为艰险"（《三国志·邓艾传》）。

石门沟栈道不仅是阴平道西段连接武都至舟曲、宕昌的主干道，也是通往武平、沙滩诸寨的重要入口，自古为兵家必争要地。石门沟所在峡谷在历史上被称为"孔函谷"。据学者考证，舟曲东南的大峪、武坪、沙滩一带正是三国时姜维屯兵的军事重镇——沓中所在地。因此，石门沟栈道至迟在三国时期已开通。

据蔡副全《石门沟古栈道遗址与宋代的茶马交易》一文，西石门东壁发现一处镌刻于宋仁宗皇祐四年（1052年）的《朱处仁题记》摩崖，内容为："圣宋皇祐四年孟冬，尚书屯田员外郎通判阶州事朱处仁，自十六日西之本州故城镇、峰贴城、平定关点检城寨后，廿三日过此，又巡历至武平、沙滩诸寨回，廿五日题记河口镇西石门硖东壁上。"

根据史料记载，这个摩崖题记的作者朱处仁是营邱（今山东省昌乐县营邱镇）人，宋景祐元年（1034年）登进士第。担任过泗州（今江苏省盱眙县境内）判官、夷陵（今湖北宜昌东南）推官，在皇祐四年（1052年）担任阶州（今甘肃省陇南市）通判，这处摩崖题记应该是他在通判任上刻写的。

二

《朱处仁题记》所言故城镇、峰贴城、平定关、武平、沙滩诸寨，都在现在的甘南舟曲县境内，为宋时阶州博马名镇。据《阶州直隶州续志》记载：

"平定关，在州西北。宋时于福津县西界置，以御羌人处。峰贴峡寨，在州西一百二十里。与番戎相接，宋置寨于此，为戍守要地，产良马。即今西固峰贴城，在州西二百三十里。武平、沙滩二寨，俱在州西，皆宋所置。"其中的峰贴城位于今舟曲县峰迭乡，古城寨遗址尚存，宋神宗熙宁八年（1075年）在这里设置了市马场，是宋代西马的重要收市地。

宋朝初期，"博易戎马，或以铜钱，或以布帛，或以银绢"，还不是真正的茶马贸易。章如愚《群书考索后集》记载，"熙宁以来，讲摘山之利，得充厩之良，中国得马足以为我利，戎人得茶不能为我害，彼以食肉饮酪之性所嗜惟茶"，茶马贸易才真正开展起来。茶马贸易主要是在阶州、文州、成州进行，《阶州直隶州续志》有明确的记载："宋雍熙、端拱间，阶、文、成州皆市马。其后置场，则阶州、文州市吐番马，取良弃驽。初以铜钱给马值，有司言'戎人得钱，销铸为器'，乃以市帛、盐钞、茶及他物易之。"据《宋会要辑稿》记载，宋真宗景德三年（1006年）陇右诸州买额中，"阶州蕃部马五千匹，省马千匹"居首位，"文州蕃部马二千匹，省马七百二十匹"。

据历史文献记载，宋神宗时期，陇南境内所置茶场有："成州：在城及府城场、栗亭场、渥阳场。熙宁九年（1076年）十二月置。岷州：在城及长道县、大潭县、盐官镇、宕昌寨、闾川寨、长川寨、荔川寨、谷藏堡。熙宁八年（1075年）闰四月置。阶州：在城及将利县、西故城镇、峰贴峡寨，熙宁八年（1075年）闰八月置。"（徐松《宋会要辑稿》）

从《朱处仁题记》看，阶州"五寨"（故城、峰贴城、平定关、武平、沙滩）是宋初市马名镇毋庸置疑。"自绍兴初运茶博马，系于西和州管下宕昌寨、阶州管下峰贴峡置场，其茶运却从兴州置口以去摆铺运发，系经由兴州顺政、长举县，阶州将利、福津县，前去临江茶场交纳，应副博马支用"（徐松《宋会要辑稿》）。因此，宕昌寨、峰贴峡、临江寨（宕昌县临江铺乡）在南宋的茶马互市中发挥着十分重要的作用。

三

据《宋史·兵志》记载，北宋市马主要有四种形式：第一种叫券马，由沿边政府派人到吐蕃、回鹘、党项等族中去招商，由宋朝市马官开具公函，送京

▲甘肃成县深邃狭长的西峡是茶马古道上的一处险道，著名的《西狭颂》碑刻就在这里

师估马司给钱收买；第二种叫作"省马"，朝廷在"边州置场，市蕃汉马团纲，遣殿侍部送赴阙，或就配诸军"；第三种叫马社，"陕西广锐、劲勇等军，相与为社，每市马，官给直外，社众复哀金益之"；第四种叫"括买"，"军兴，籍民马而市之以给军"。在这些市马的途径中，"马社"与"括买"不是经常性的，"券马"也主要实行于熙宁以前、绍圣至崇宁之间。所以宋朝的禁兵与戍边军队的战马，大多来自省马这一途径。

北宋时期，运送券马与纲马的道路还不太稳定。在各地市马场购买到战马以后，每50匹组成"一纲"，由专门的人员送往需要战马的军队或者京师。如川马主要运送到川峡、陕西各路诸军，秦马主要运送到陕西、河东各路诸军，有些马转送京师后，再分洽收监孳养，以备调发。南渡以后，"凡川秦纲马皆遵陆"，交付御前三司及沿江诸军，逐渐形成较为稳定的纲运骤程。据徐松《宋会要辑稿》记载：从买马场至行在临安（今浙江杭州市），置有提点纲马驿程三员，"成都府（治今四川成都市）至兴元府（治今陕西汉中市）、兴元府至汉阳军（治今湖北汉阳）二员，……汉阳军至行在一员"，全程共设有一百个马驿。当时，凡秦马皆过兴州（治今陕西略阳县），会集于兴元府马务，川马则会集于成都府马务，然后东运至兴元府交割。在峰贴峡等地购买的纲马，就是经由石门沟送到阶州临江，然后再运往兴元府，再从兴元府出发，送到行在(临安)。

宕昌寨、峰贴峡马场至兴元府共有20程，石门沟是舟曲故城及峰贴城通往临江寨的必经之路。北宋张舜民《画墁录》对阴平道西段交通有详细记载："凡自岷州趋宕州，沿水而行。稍下，行夫山中，入栈路，或百十步复出。略崖碥砼，不可乘骑，必步。至临江寨，得白江。至阶州，须七八日，皆使传所不可行。"由于道路非常难行，纲马损耗严重，所以宋朝廷在淳熙三年（1176年）曾对陕南、陇南沿途马驿进行整置："汉阳军、郢、房州及金、洋州、兴元府、兴、成、西和抵宕昌马驿狭隘弊陋。诏逐路漕臣选委有才力官躬亲前去，逐驿检视，疾速措置督责，务要整肃，不致阙误。"（徐松《宋会要辑稿》）所以古栈道可能就是为了运送纲马在原来三国或之前开凿的栈道的基础上重建或增建的。

▼石门沟栈道至迟在三国时期已开通，姜维屯兵的军事重镇沓中就在石门沟栈道附近

　　石门沟是舟曲、宕昌通往阶州的唯一通道，古栈道遗迹及《朱处仁题记》摩崖等沿途相关题记，为我们提供了宋代熙河、秦凤等路茶马交易与运输的实物依据。石门沟栈道路面狭窄，上有壁立之山崖，下有不测之河溪，相向而行的赶马人彼此无法看见对方，而且马队排纲而行，只进不退，一旦相向而遇，就会出现"进不能济，息不得驻"（《西狭颂》）的尴尬局面，其后果不堪设想。有学者推测，石门沟栈道可能是一个"立交桥"式的立体通道，分布密集而多层排列的栈道孔遗迹就是最好的见证。果真如学者推断的那样，石门沟栈道就是中国古代交通史上的一个伟大创举，令人叹为观止。

蒙古铁骑镇欧亚

——北京耶律铸墓出土汉白玉石马

1998 年在颐和园昆明湖东岸发现了一座夫妇合葬墓，是北京地区近年来发现的规模最大、等级最高的元代墓葬。该墓出土了一件汉白玉石马，身体修长，嘴部较宽，四足较短，具有蒙古马品种粗壮、剽悍的特点，被认为是元代文物的精品。另外，墓中还有一匹灰陶马，两者一静一动，形成了鲜明的对比。考古人员在这座墓的墓道中发现了墓志两方。汉白玉石质，志身为长方

▼汉白玉石马的原型，是驰骋欧亚的蒙古马

形圆额，下部有汉白玉石基座，志额篆刻着"故中书左丞相耶律公墓志铭"。虽然墓志有些漫漶不清，但结合其他史料，学者确定这是蒙元初期的名臣耶律铸夫妇的合葬墓。那么，墓主人耶律铸为何要将这两匹马作为陪葬品呢？这得从蒙古人的勃兴说起。

一

1206 年，生活在蒙古高原的各部落首领尊称铁木真为成吉思汗，建立大蒙古国。经过五年的时间，他统一了蒙古的大部分地区；又过了五年，他的军队迅速占领了金国和高丽。因派往中亚的商队惨遭屠戮，自 1219 年开始，成吉思汗亲率大军西征花剌子模。他利用蒙古骑兵机动性强的优势，横扫河中及呼罗珊地区，许多城市被夷为平地。成吉思汗将西征所得土地分封给诸子，并设镇守官总理事务，其后继者陆续建立了四大汗国。因此，蒙古人成为 13 世纪欧亚大陆的霸主。

蒙古军队能够所向披靡，关键就是他们拥有适应能力极强的战马——蒙古马。与其他地区的战马比较起来，蒙古马显得矮小精壮。但是这种马皮厚

▼出土汉白玉石马的耶律铸墓，墓主是契丹人耶律楚材的儿子

毛粗，无论是在亚洲的高寒荒漠，还是在欧洲平原，它们的耐受力极强，可忍受零下四十摄氏度的严寒，能在雪地里觅食，并且士兵可靠母马的马奶充饥，这就降低了粮草补给的负担。为了确保和加强骑兵的机动性，每个蒙古骑兵都有一匹或几匹备用马，"蒙古民族的军队之所以能称霸于欧、亚二洲者，实全恃其精良的骑兵"。

1260 年，成吉思汗的孙子忽必烈在新筑成不久的开平城宣布即大汗位。五月，忽必烈以《即位诏》颁行天下，建元中统，元朝正式建立。但是不久留驻阿勒泰山阿里不哥召集其他王公贵族举行大会，在会上也被拥立为大汗。1260 年秋开始，阿里不哥兵分两路，大举南下，与忽必烈展开汗位之争。经过长达五年的汗位斗争，阿里不哥于1264年春被迫向忽必烈输诚，内部纷争由此结束。

蒙古汗国时期，军队全为骑兵。元朝建立后，忽必烈建立了由蒙古军、探马赤军、汉军和新附军四部分组成的强大军队。其中蒙古军是以蒙古人为主体，包括部分色目人组成的军队，主要是骑兵。按照传统，"家有男子，十五以上、七十以下，无众寡尽签为军"，他们"上马则备战斗，下马则屯聚牧养"（《元史·兵志》），是蒙古统治者的嫡系。探马赤军是从蒙古各千户、万户中抽出担任先锋、镇守等任务的军队，其成员包括色目人及汉人，这部分军队大部分也是骑兵。汉军主要由北部地区、四川局部地区、云南等地方的各族人民组成。新附军主要由南宋降军改编而成。

二

元朝的军队以骑兵为核心，主要使用的战马是蒙古马。在蒙古汗国时代，征收战马的主要方式是刷马。统治者发布诏令，在各部落强制、无偿征收马匹，这种制度带有军事统治的显著特点，与蒙古草原上的领主制生产关系息息相关。据彭大雅《黑鞑事略》记载："其地自鞑主、伪后、太子、公主、亲族而下，各有疆界。其民皆出牛马、车仗、人夫、羊肉、马奶为差发。"这说明大蒙古国的属民"出牛马"是一种义务。

到元代建立后，统治者出于政治上的考虑，限制汉人养马，但是刷马制度还是继续延续下来。史料记载，忽必烈统治时，先后刷马五次。如中统二

▲锡林郭勒盟博物馆复原的元代贸易场景

年（1261年）十月，"括西京两路官民，有壮马皆从军。……两路奥鲁官并在家军人，凡有马者并付新军刘总管统领"（《元史·世祖纪一》）；至元十一年（1274年）四月，括诸路马五万匹（《元史·世祖纪五》）；至元三十年（1293年）三月，括天下马十万匹（《元史·世祖纪十四》）。其后的元朝统治者也继承了这种传统，如元成宗大德二年（1298年）十二月，"括诸路马，除牝携驹者，齿三岁以上并拘之"（《元史·成宗纪二》）；第二年正月，括诸路马（《元史·成宗纪三》）。元仁宗延祐七年（1320年）四月，"括马三万匹，给蒙古流民，遣还其部"；七月，"括马于大同、兴和、冀宁三路，以颁卫士"（《元史·英宗纪一》）。元文宗天历元年（1328年）十月，"令广平、大名两路括马"；至顺元年（1330年）九月，"冠、恩、高唐等州，出马八万匹，令诸路分牧之"（《元史·文宗纪》）。一直到元朝的最后一个皇帝元顺帝至正十二年（1352年）正月，元朝还"拘刷河南、陕西、辽阳三省及上都、大都、腹里等处汉人马"。（《元史·顺帝纪五》）

　　元朝历代帝王都强制性地从民间得到了数以万计的马匹，这种征马措施，使骑兵能得到大量的战马补充，但是由于刷马是无偿征收，征收比例很大，"凡色目人有马者三取其二，汉民悉入官，敢匿与互市者罪之"（《元史·世祖纪十一》），老百姓养马者日渐减少，所以到至元三十年（1293 年），朝廷原计划收集马匹 10 万匹，结果只得 7 万余匹。

三

　　蒙古军在北方驻有四大都万户府：山东河北的蒙古军都万户府置司于濮州，河南淮北的蒙古军都万户府置司于洛阳，四川的蒙古军都万户府置司于成都，陕西的蒙古军都万户府置司于凤翔。这样庞大的军队，单靠刷马不能满足军队的需求，所以在元朝建立后不久，在忽必烈统治时期完善了和买马制度。

　　与刷马无偿征收不同，和买马就是按规定马价由官家征收马匹。史书中对和买的地点、数量和所花费用有详细的记载：中统元年（1260 年）五月，忽必烈下令诸路市马万匹，送开平府；至元二十六年（1289 年）七月丁亥，发至元钞万锭，市马于燕南、山东、河南、太原、平阳、保定、河间、平滦；大德五年（1301 年）五月，给月里可里军驻夏山后者市马钞八万八千七百余锭；延祐五年（1318 年）七月，给钦察卫马羊价钞一十四万五千九百九十二锭；延祐七年（1320 年）三月，英宗市羊五十万、马十万，赡北边贫乏者；至顺元年（1330 年）七月，朝廷以市马、造器械、军官俸给、军士行粮，给钞十五万锭；至正十二年（1352 年）三月，以出征马少，出币帛各一十万匹，于迤北万户、千户所易马；至正十四年（1354 年）三月，以皇太子行幸，和买驼马，以军需急用和买马于北边，凡有马之家，十匹内和买二匹，每匹给钞一十锭。

　　元代的和买马制度，除满足军队守边作战的需要外，还有赈济灾民的用途，如忽必烈时代，曾"以马一万一百九十五、羊一万六十，赐朵鲁朵海扎剌伊儿所部贫军"（《元史·世祖纪十》）。自世祖至顺帝，几乎历代皇帝均推行和买马制度。和买的方式由自愿出售发展到硬性规定，直到勒令交出马匹为止。元朝和买马匹的数目越来越大，从世祖市马万匹到英宗时市马十万匹；顺帝时几乎推向顶峰，以致"凡有马之家，十匹内和买二匹"。甚至连有驹的母马也开始购买，史书中有和买"牝马有驹者万匹"（《元史·泰定帝纪一》）的记载。

刷马与和买制度，使得大元帝国不同地区的马流动了起来。在蒙古汗国时期，主要刷马的地区是蒙古高原。元朝建立以后，除了在该地区继续括刷马外，刷马和和买的地区扩大到腹里、中原和江南诸路，如燕南、山东、河南、太原、平阳、保定、河间、平滦等地。北方的蒙古马和中原的马同时被分配或者赏赐给不同的军队、卫所，如元成宗时期，"给四川出征蒙古军马万匹"（《元史·成宗纪二》），"赐皇侄海山所统诸王戍军马二万二千九百余匹"（《元史·成宗纪三》），"给脱脱等部马万匹"（《元史·成宗纪三》）。这样就使得元朝境内的马在种类和地域上不断流动，避免了种群的退化，增强了军队的战斗力。

北京出土的耶律铸墓汉白玉石马，就是元人热爱、喜欢蒙古马的具体表现。其实耶律铸是契丹人，他的父亲耶律楚材初入仕于金，后来应成吉思汗的征召而跟随幕下，参加了西征，被认为"开国规模皆所创定，称一代元勋"。耶律铸出生在西征途中，长成于漠北。长大后重儒学，习汉事，努力推行中原封建制度，"后三入中书，定法令，制雅乐，多所裨赞，经济不愧其父"。这位儒化、汉化很深的契丹族后裔，因为曾从军征战，对蒙古骑兵在大元建立过程中的功勋也深有了解。所以这位元代的中书左丞相，死后要让汉白玉和灰陶制成的蒙古马陪葬，说明蒙古马在他心目中的分量。

贵阳马场有崖画

——贵州贵阳市花溪区元代金山洞崖画

在贵州省贵阳市花溪区燕楼乡有一个山洞,当地人称为金山洞。金山洞的崖壁上,有用赭色涂绘的马、人、狗等图像二三十个。在金山崖画相距不远处,人们还发现了关岭县"马马崖"、长顺县龙家院、开阳县"画马崖"等以马为主体内容的崖画。如关岭"马马崖"崖画绘有马的图案十多个,其中一幅两匹骏马一前一后,前面一匹奔马上侧身站着一位身着褐裙的骑手,双腿交叉于马上,双臂伸展如飞鸟展翅,是一幅典型的"赛马图";长顺龙家院崖画上赭绘有人、马、人骑马、马交配等图像70余幅。开阳画马崖共画人、马等图像150余个。在金

山洞崖画的旁边,有摩崖石刻,有"大元忠显校尉罗口四十六口夷长官司金竹府事房明远于至元乙酉来此开拓边疆"的字样,摩崖中的至元乙酉年为至元二十二年(1285年)。很多人认为,这里崖画上大量出现马的形象,可能与元代在这一地区

▼贵州地区大多是喀斯特地貌,这是贵阳附近的山区,与发现岩画的金山洞地貌相似

设立"亦奚不薛"官马场有关。

一

生活在蒙古高原上的居民一直以畜牧为生,其所产马、牛和骆驼等牲畜及皮毛,是中原和内地从事农业、手工业和交通运输业必不可少的工具和原料。元代建立以后,"盖其沙漠万里,牧养蕃息,太仆之马,殆不可以数计,亦一代之盛哉"(《元史·兵志》),但凡水草丰美之地,均被划为牧场,或官营或私营,用来牧养牲畜。

元代的官马场,主要是以皇帝和大斡耳朵等名义所建的 14 道牧场,专设太仆寺进行管理。官马场的牲畜有马、牛、羊、骡等,但以马匹的孳养为主。在忽必烈即位之前,考虑到京畿根本地,烦扰之事,必不为之,所以官牧场的马匹饲于漠北和漠南地区。元人徐世隆说:"国马牧于北方,往年无饲于南者。"大约是在元成宗即位时,始有国马牧于南者的做法。

元朝牧场分布非常之广,"东越耽罗,北逾火里秃麻,西至甘肃,南暨云南等地,凡一十四处,自上都、大都以至玉你伯牙、折连怯呆儿,周回万里,

▼金山洞崖画发现处

无非牧地"（《元史·兵志》）。这14道牧场是："东路折连怯呆儿等处（今内蒙古通辽市附近），玉你伯牙（今张家口西北）、上都周围，哈剌木连等处（今内蒙古鄂尔多斯地区），阿剌忽马乞等处（今内蒙古阿巴哈纳尔旗东北），斡斤川等

▲金山洞崖画局部

处（今蒙古国克鲁伦河上游地区），阿察脱不罕等处（今蒙古国哈尔乌苏湖周围），甘州等处（今甘肃张掖），左手永平等处（今河北卢龙县），右手固安州等处（今河北固安县），云南亦奚卜薛（今贵州毕节地区），芦州（庐州，今安徽合肥），益都（今山东益都县），火里秃麻（今俄罗斯贝加尔湖周围），高丽耽罗国（今韩国济州岛）。"（《元史·兵志》）按其所在地区，可分为蒙古地区、西北地区、大都周围、中原地区、边境地区等。

二

元代14道官马场中，有7道位于蒙古草原地区。那里有着一望无际的草原，水草丰美，是天然草场。其中甘州等处牧场位于西北地区，那里地势平坦，草茂水清，农牧皆宜，牧业发达，是历代屯兵养马的重要场所。有3道即左手永平等处、右手固安州及益都牧场位于大都周围。庐州牧场位于今天的安徽合肥附近，属中原地区。还有高丽耽罗牧场位于今韩国济州岛，又称"儋罗"。据中国科研人员考察，济州岛至今还有蒙古文化的遗迹，这与元朝时的马道有一定的关系。元朝政府在此处设置牧场，可能也是出于战备考虑。

还有"亦奚不薛"官马场位于贵州西部和云南交界的地区。"亦奚不薛"是一个生活于该地区的部落首领的名字，随着部族势力的扩大，亦奚不薛由

人名转换为地名。据《元史》记载，至元十七年（1280 年）至十九年，亦奚不薛叛服无常，朝廷多次派兵平定。到了至元二十年（1283 年），朝廷终于平定了叛乱，于秋七月"丙寅，立亦奚不薛宣慰司，益兵戍守。开云南驿路。分亦奚不薛地为三，设官抚治之。""壬申，亦奚不薛军民千户宋添富及顺元路军民总管兼宣抚使阿里等来降……立亦奚不薛总管府，命阿里为总管"（《元史·世祖纪九》）。至元二十四年（1287 年），复增置顺元等路军民安抚司，以统降附者，后并入八番顺元宣慰司。

元朝在"蛮夷腹心之地"亦奚不薛的设置机构，旨在"制兵屯旅以控扼之"。这些军队也需要骑兵，所以这里就设立了官马场。亦奚不薛官马道设立于何时，暂时没有确切的记载，可能是亦奚不薛总管府设置之后才有的。官马场每月都要给马喂盐一次，由于"黔地无盐"，所以朝廷特诏保证盐的供给。据《元史·文宗纪四》记载，至顺二年（1331 年）十一月壬申，云南行省奏称"亦乞不薛之地所牧国马，岁给盐，以每月上寅日啖之，则马健无病。

▼亦奚不薛宣慰司是中央王朝在贵州设立的土司之一，同样位于西南的播州在元代也实行土司制。图为贵州播州出土的杨辉墓中的仪仗彩绘陶俑

▲元代14处马场示意图

比因伯忽叛乱，云南盐不可到，马多病死"。于是，元朝"诏令四川行省以盐
给之"。

三

元代除了14道官营马场外，还有为数众多的私营牧场分布各地。在蒙古
汗国时期，蒙古贵族都有分地；进入中原汉地以后，许多分封的宗王进驻各
地，一般都获得相当规模的围猎场所和牧场。蒙古贵族都拥有很多牲畜，动
辄以万计。忙兀部领主自称有马"群连郊坰"。如云南王和梁王"王府畜马繁
多，悉纵之郊"；都元帅察罕的牧场，"及诸处草地，合一万四千五百余顷"。
金吾卫上将军、中书右丞博罗欢，"马成群，所治地方三千里"。这些王公贵
族、官员豪强仍然通过各种手段来扩大自己的私人牧场。如元世祖时东平布
衣赵天麟上《太平金镜策》云，"今王公大人之家，或占民田近于千顷，不耕
不稼，谓之草场，专放孳畜"。

元朝疆域辽阔，官马场分布遍布天下。这些官马场所蓄养的马，可能
来自不同的地域，"二十一年，取驱里畏吾、特勤、赤悯等部，德顺、镇戎、

交
流
卷

兰、会、洮等州，献牝马三千匹"（《元史·雪不台传》），"朝廷降钞买马六千五百，希宪遣买于东州，得羡余马千三百"（《元史·廉希宪传》）。这些献来或者买来的马匹，有很多要在官马场喂养。这就促进了不同地域马的杂交，改良了马的品种。另外元代蒙古地区的官马场不仅为政府提供大量马匹，还承担着为全国各地牧场提供种马和传授繁育技术的职责，通过这些措施，促进了种群优化和繁衍。

同时，蒙古牧民还不断从被征服的牧马民族那里学习新的技术和经验。蒙古统治者从被俘虏来的钦察人中，挑出一部分人到皇帝的官牧场上充当牧人，叫作哈剌赤。这些牧人的分工更加精细，记载下来的大致有：骒马倌（苛赤）、骟马倌（阿塔赤）、一岁马驹倌（兀奴忽赤）、马倌（阿都赤）、羯羊倌（亦儿哥赤）、山羊倌（亦马赤）、羊倌（火你赤）等。牧人分工的专业化，大规模的分群放牧，有利于畜牧业的发展。当时上都畜牧蕃息的情景，在元代诗人的笔端中时有表露。如胡助的诗中有"牛羊及骒马，日过千百群"的句子；周伯琦的诗中有"群牧缘山放，行营散野屯"的描写。

亦奚不薛牧场处于云、贵两省交界处。这里水草肥美，草坡广布，气候适宜，历史上就盛产良马，"产马之国曰大理、自杞、特磨、罗殿、毗那、罗孔、谢蕃、膝蕃等"，这些小国家大部分位于云贵高原。云贵高原出产的马具有"往返万里，跬步必骑，驼负且重，未尝困乏"的特点，体小肌腱，很适合云贵等地的山路。元朝政府在此设置官马场，一方面是因为自然条件等各方面的情况均适宜于发展畜牧业，另一方面是因为历史上这一地区就盛产良马，政府不愿意放弃对此地马匹的征括，用以补充军马。而那些崖壁上的绘画，就是这一地区养马业兴盛的具体见证。

天马西来佛郎国

——元代周朗《佛郎国贡马图》

　　元代宫廷画家周朗画的《佛郎国贡马图》，是表现中西文化交流的一幅杰作。这幅画卷真实地再现了600多年前欧洲与中国的马匹交流，是现存于世的唯一一幅元代皇帝接见欧洲使者的画卷。周朗在画卷处还写有长篇跋文，其文曰："皇帝御极之十年（1342年）七月十八日，佛郎国献天马。身长一丈一尺三寸有奇，高六尺四寸有奇，昂首高八尺有二寸。（同年月）廿有一日，敕臣周朗貌以为图……"通过题记，我们知道这是画家周朗在佛郎国来的使者献马之后绘制的，同时代诗人有"君不见佛朗献马七度洋，朝发流沙夕明光。任公承旨写神骏，妙笔不数江都王"的赞誉。那么，佛郎国为什么要来献马呢？

——

　　蒙古高原自古以来就盛产蒙古马，头大颈短，体魄强健，胸宽鬃长，皮厚毛粗，能抵御西伯利亚暴风雪，能扬蹄踢碎狐狼的脑袋。经过调驯的蒙古马，在战场上不惊不乍、勇猛无比，历来是一种良好的军马。但为了增加新的品种，

▼元代周朗的《佛郎国贡马图》

▲黄海边的山东荣成留村元代石墓群，是我国唯一的地表封石依然完整的元代石墓群

改良和驯育优秀马匹，蒙古人还是尽量把其他国家或地区的名马输入。例如，《元朝秘史》记元太宗窝阔台派撒马尔罕西征时提到"脱必察兀惕"，刘郁记述蒙古旭烈兀西征活动的《常德西使记》提到的"脱必察"，就是蒙古人非常喜欢的"秀颈高脚"的良马。这种产于阿巴斯王朝都城巴格达阿拉伯名马，一直是元朝皇帝梦寐以求的良驹。

元世祖即位之初，察合台兀鲁思汗八剌向伊利汗国遣使，求购脱必察马。不久，他与窝阔台后王钦察联兵入侵伊利汗国控制下的呼罗珊，伊利汗阵营中当初随旭烈兀一同西征的将领札剌亦儿台，向其旧主八剌进献的脱必察良马，比其向钦察进献的要好。此举竟引起中亚两国王的交恶与分裂，成为入侵呼罗珊之役失败的重要原因。

由于元朝皇帝对脱必察良马的喜爱，有些商人投其所好，远赴西亚购取，花费巨大。元仁宗即位之初，监察御使哈散沙奏请禁止，得到仁宗的批准。但实际上，延祐七年（1320 年），仁宗去世后，察合台兀鲁思汗怯别每年都数次遣使进西马等方物，元亦给以年例或回赐。其中仅泰定二年（1325年）一次就赐钞 4 万锭，可以想象其进献的马不在少数，而且其中肯定有脱必察良马。

二

除了在中亚、西亚获取良马外，蒙古人还把"招徕"名马的目光投向了更加遥远的地方，比如遣使向佛郎国求马。有学者据文献记载的"中统二年（1261 年）五月七日，是日，佛郎国遣人来献卉服诸物。其使自本土达上都，已逾三年。说其国在回纥极西徼，常昼不夜"地理特点，认为佛郎国即芬兰国的谐音。实际上，在元代史籍中，将欧洲称为"佛朗""弗兰""佛林"等，是来源于伊斯兰教徒对欧洲人或基督徒的称呼 Frank 的译音，杨伯达《论景泰兰的起源——兼考"大食窑"与"拂郎嵌"》和刘迎胜《古代东西方交流中的马匹：丝绸之路，也是良马之路》等都持这样的观点。

《佛郎国贡马图》反映的是 1342 年 7 月，元惠顺帝在上都慈仁殿会见罗马教皇使团的情景。这幅画分为两个部分：右边是顺帝坐在龙椅上的形象，他身边环绕着三名宫女、两位文臣和一位相马师，众人正端详贡马；左边是一位译官将贡马引向元顺帝，后随两位佛郎国使臣。

根据史籍记载，佛朗国曾多次向元朝进献马匹。这事在《元史·顺帝纪三》中也有记载，元顺帝至正二年（1342 年），"秋七月……拂郎国贡异马，长一丈一尺三寸，高六尺四寸，身纯黑，后二蹄皆白"。除此之外，元代的很多文献中都记载了这件事，如元代权衡所撰的《庚申外史》（又名《庚申帝史外闻

▼《佛郎国贡马图》的局部

见录》或《庚申大事记》）中记载得更加具体："会佛郎国进天马，黑色五明，其项高而下钩，置之群马中，若骆驼之在羊队也。上因叹羡曰：'人中有脱脱，马中有佛郎国马，皆世间杰出者也。'"

对这件事记载最详尽的应该是周伯琦，他在《天马行应制作》（有序）中说："至正二年（1342年）岁壬午七月十有八日，西域佛郎国遣使献马一匹，高八尺三寸，修如其数而加半，色漆黑，后二蹄白，曲项昂首，神俊超越，视他西域马可称者，皆在騔下，金辔重勒驭者，其国人黄须碧眼，服二色窄衣，言语

▲图为锡林郭勒盟博物馆刻绘的窝阔台木刻画像

不可通，以意谕之，凡七渡海洋，始达中国。是日，天朗气清，相臣奏进，上御慈仁殿临观称叹，遂命育于天闲，饲以肉粟、酒潼。"（周伯琦《近光集》卷二）这段序详细地介绍了佛郎国天马的体貌、神态、进献时的情况，按其描述的外貌特征，对照今天的西方骏马，此马拟为阿拉伯马或英国纯种马之后裔。阿拉伯马或英国纯种马的特征是矫健、修长、挺拔、华丽，可以说是世界上最优良的骏马品种。

三

13世纪蒙古国的兴起，开启了中西交通史上的一个新时代。成吉思汗及其继承者建立了历史上前所未有的庞大帝国，从太平洋西岸直到黑海之滨，欧亚大陆的大部分都归于蒙古国统治之下，一个完善的驿站系统，把这一辽阔领域的各部分连接起来，这为东西方之间的交流提供了便利。

由于东西交通便利，欧洲人东来者逐渐多起来。首先是教士，如1246年7月，方济各会修士普兰诺·卡尔平尼到达和林附近的昔刺斡耳朵；1249

年，路易九世的使者安德鲁抵达贵由的原领地叶密立（今新疆额敏）；1254年，圣方济各会以修士卢布鲁克为首的使团卢布鲁克随蒙哥汗到和林。其次是使者，如中统二年（1261）五月，有"发郎国遣人来献卉服诸物"，元成宗大德年间（1297—1307），罗马教廷派长老孟德高维奴来大都传教。他死后，阿速人向教廷致信，要求再派教士。后至元二年（1336年），元顺帝妥懽帖睦尔遣佛朗人安德烈及其他十五人出使欧洲，致书罗马教皇："咨尔西方日没处，七海之外，法兰克国基督教徒，罗马教皇……朕使人归时，仰尔教皇，为朕购求西方良马，及日没处之珍宝，以免缫璧。"后至元四年（1338年），使团抵教皇驻地法国南部的阿维尼翁。

教皇本笃十二世优厚款待元朝使者，使游历欧洲各地，并决定派遣马黎诺里等率领数十人的庞大使团出使元朝和蒙古诸汗国。同年年底，马黎诺里一行从阿维尼翁启程，会齐元朝来使，先至钦察汗国都城萨莱，谒见月即别汗；继续沿商路东行，经察合台汗国都城阿力麻里，于至正二年（1342年）七月抵达上都，谒见元顺帝，进呈教皇复信并献骏马一匹。

教皇赠给元顺帝的这匹骏马，长一丈一尺三寸，高六尺四寸，昂高八尺三寸，色漆黑，仅两后蹄纯白，曲项昂首，神俊超逸，被誉为"天马"。这种墨色如云两蹄白的骏马，不但与蒙古马差别极大，也与汗血马不同，引起朝野一片惊叹。为了这匹名马，元顺帝在朝中举行盛会，令文人学士和画家著诗文、作画来记述这一盛事。宫廷画师周朗奉旨将此次会见情景如实予以描绘，这就是《佛郎国贡马图》的创作始末。

"远臣牵马赤墀立，金羁络头朱汗滴。房星下垂光五色，肉鬃巍巍横虎脊。崇尺者六修丈一，墨色如云蹑两白。"诗人陆仁的诗句描写出了这匹名马的形象。而在周朗的这幅画中，丝绸之路上马的流动变得具体而生动。元顺帝非常喜爱这幅画，还让人把他绘出挂在宫中，直到明朝晚期尚在。随着清末时局的动荡，这幅画的原作已经看不到了，但是故宫博物院藏有明人摹周朗《佛郎国献马图》的纸本，可以让我们感受元代的皇帝和大臣在观赏这匹马时表现出的惊讶、喜爱等复杂的感情。

高丽马贩在大都

——元末明初高丽汉语教材《原本老乞大》

　　1998 年，韩国大邱发现了一种成书于元末明初的汉语教科书《老乞大》，是流行于朝鲜李朝时代（1392—1910）的《老乞大》的原始版本，因而被称为《原本老乞大》。"乞大"即契丹，老乞大即老契丹，书名可能与作者身份有关，但具体情况已不可考。《原本老乞大》全书不到两万字，以高丽商人来中国经商为线索，用对话的形式，叙述道路见闻、住宿饮食、货物买卖等，并穿

▼元大都遗址公园里的元代草原八骏雕塑

插一些宴饮、治病的段落。此书是供朝鲜人学习汉语的书，有很多内容涉及朝鲜半岛商人到元朝大都卖马的用语、贩马的路线和马价等。此书故事性强，生动有趣，是了解元末明初中国与朝鲜半岛马贸易的珍贵材料。

《老乞大》是以高丽商人来中国，与辽阳的商人做伴，同至元大都从事商业活动为主题而写的。据该书记载，高丽商人的主要货物是马匹、苎布、人参。他们入境中国，从东北一路走来，赶着

▲明代虽然制定了严格的法令，民间走私马的情况却屡禁不止

牲口，驮着高丽苎布和新罗参等货物，沿着驿路驿站，起早赶晚，入得山海关（迁民镇）经夏店、三河、通州等地，直奔大都。

据该书记载："我（高丽商人）从年时正月里将马和布子到京都卖了。五月里到高唐，收起绵绢，到直沽里上船过海，十月里到王京。投到年终，行货都卖了，又买了这些马并毛施布来了。"高唐在山东半岛西部，是山东重要的棉花和丝绸产地。"直沽"，指的是山东半岛北部天津一带的港口。高丽商人从王京（今朝鲜开城）到元大都（今北京）走旱路，赶着马匹，驮着货物从东北一路走来。到达元大都后，高丽商人把从本国带来的马匹、纻布等货物卖

▲图为郑梦周塑像。郑梦周是高丽王朝末期政治家、外交家，被誉为高丽理学之祖

出后，又到山东半岛西部的高唐一带收购绵绢，然后再运回高丽牟利。

贩马路途遥远，途中非常辛苦，还要提防盗贼和歹人。如丁姓高丽客人"赶着一百匹马……来时节，到迁民镇（今山海关）口子里抽分了几个马，到三河县抽分了几个马"，又"瘦倒的倒了，又不见了三个，只将的八九十个马来了，到通州卖了多一半儿，到城里（大都）都卖了"。商人到大都后通常找熟识的店家落脚。如文中辽阳客人王某和高丽客人李某商议，"咱每则投顺承门关店里下去来。那里就便投马市里去哏近"，"但是直东去的客人每，别处不下，都在那里安下。俺年时也在那里下来，哏便当"。每一笔买卖需交牙税钱，"体例里，买主管税，卖主管牙"，而且买卖头匹（马牛等牲畜）还要按国家规定税契。

高丽商人通常是与亲戚邻里合伙入元营商，常喜欢与中国商人"做伴当"（伙伴）一路同行。元朝商人对之热情关照和教导，做商业参谋。高丽商人很感激地向人介绍说："他是汉儿人，俺沿路来时好生多得他济，路上吃的、马匹草料，以至安下处，全是这哥哥生受。"起程回国时，高丽客商对中国商人依依不舍地说："咱每这般做了数月伴当呵不曾面赤，今后再厮见呵，不是好兄弟那什么？"生动地反映了元朝与高丽民间的交流与友好。

二

明代建立以后，中国是亚洲最强大、最繁荣的国家。它构建了以封贡关系为核心的朝贡体系，并以此与各个朝贡国开展贸易，形成了以贡赐贸易为中心的官方贸易。明代初期对朝鲜半岛的高丽王朝实行了较为宽松的自由贸易政策，而高丽也默许两国之间的自由贸易。

洪武七年（1374年）四月，朱元璋派遣礼部主事林密、孳牧大使蔡斌出使高丽，以"已前征进沙漠，为因路途遥远，马匹多有损坏"及"如今大军又征进"为由，向高丽索要耽罗马两千匹。同年七月，高丽派遣韩邦彦至耽罗索马，但耽罗牧子却"只送马三百匹"。对此结果不满的林密，一方面要求高丽严惩韩邦彦，另一方面以"济州马不满两千数，则帝必戮吾辈，请今日受罪于王"为由，逼恭愍王就范。恭愍王没有办法，便与臣下商议讨伐耽罗。这便有了洪武七年（1374年）七月，高丽征讨耽罗的军事行动。

据《高丽史》记载，明王朝一直要求高丽大量贡马。公元1384年5月，高丽派判宗簿寺事金进宜前往辽东上交岁贡马1000匹，同年6月进贡2000匹，同年8月上交岁贡马1000匹，闰十月时连山君李元紘又带着1000匹马赴明，至此才完成明朝要求进贡的马匹数额，但高丽又于11月进贡了1000匹马，外加代替金银的66匹马，这年总共进贡了6000多匹马。

洪武十九年（1386年），朱元璋以缎一匹、布二匹的单价，收购高丽的官马和民马5000匹运往辽东。洪武二十四年（1391年）四月，明朝的前元中政院使韩龙等来到高丽转达礼部的咨文，称边境守备用马不够，向高丽的官吏和富人买马匹，以纻丝（丝麻混纺的一种缎）、棉布19760匹的价格，收购高丽官马一万匹。6月，高丽判缮工寺事杨天植等又前往明朝京都进贡1000匹马；同年8月，又派判内府寺事金之铎献上2500匹马；同年12月，又派前义州牧使曹仲生前往明朝京都进贡1000匹马。

三

1392年，李成桂发动兵变成功，在开城废黜高丽国王，夺

▼雕塑反映了唐代时新罗遣唐使与唐朝官员会晤的场景

取政权，改国号为朝鲜，李氏王朝建立。明朝仍然大量从朝鲜购买马、牛等牲畜。如永乐二年（1404 年）四月，朱棣派遣使臣掌印司卿韩帖木儿等出使朝鲜，购买耕牛一万头，以供辽东屯田之用，定价为每一头值绢一匹、布四匹。永乐五年（1407 年），明廷向朝鲜购马多达九次，半年内运至辽东 3200 匹战马。永乐七年（1409 年）十月，明廷又购得朝鲜战马一万匹；永乐十九年（1421 年）、二十一年（1423 年）再次向朝鲜买马两万匹。明朝永乐年间用丝麻、棉布等物，从朝鲜大肆购买军马，光通过官方贸易便从朝鲜购入战马三四万匹，耕牛数万头。

除了官方的贡马之外，当时走私贸易也极为猖獗。辽东明廷官员则通过各种方式，从朝鲜走私牛马，如永乐十年（1412 年），辽东指挥方俊贿赂义州牧使禹博，得以自朝鲜购马千余匹。永乐二十一年（1423 年）八月，许稠上书国王："本国之马比旧为减，又未强壮，往时，士大夫家有马不下数匹，庶民皆有实马，今世人之家不过一匹，亦皆疲弱。"以朝鲜的国力，不仅无法应对明朝的巨大索求，而且势必影响朝鲜自己的军备。当时许稠提出军政莫急于马，而择实马两万匹以献，朝鲜则减少了两万名骑兵。"上上马绢八匹、布十二匹；上马绢四匹、布六匹。"这是明代辽东马市的军用战马上上马和上马的市场收购价格，而对朝鲜的军马收购价格却压得非常低，不到市场价格的三分之一。

▼图为元代高丽青瓷瓶

至景泰、正统年间，朝鲜已无成规模的战马可用，由于北方的瓦剌屡犯边境，英宗再次向朝鲜发出备马二三万匹赴京之令，然而此时的朝鲜，无法满足明朝需求，明朝只得作罢。李朝初期，朝鲜仅官方

马场高达 7 万个，到了成宗元年（1469 年），朝鲜各道统计牛马数量，全国马匹仅余 13383 匹，而耕牛只剩区区 487 只。这时的朝鲜不但大规模骑兵部队因此而瓦解，耕牛的匮乏也严重打击了朝鲜的经济。

在元朝，附属于高丽的耽罗曾经是蒙古的官营马场，1276 年曾专门运送大宛马 160 匹和"牧胡"至济州。因蒙古人的经营，马匹还是颇为高大。到了明代初期，高丽甚至能提供部分四尺七寸（约 150 厘米）身高的大马。但是到朝鲜李氏王朝时期，明廷大肆收购此类军用战马之后，朝鲜战马因种群数量不足而迅速退化。加之管理不善，至李朝中后期，济州马已经退化至平均身高仅 100 110 厘米，无法再继续作为优良骑乘马而使用了。元代高丽文献《原本老乞大》展现的高丽商人所贩卖的马，应该是高大的高丽马或者耽罗马，这样才能在饲养大量蒙古马的元大都卖个好价钱。到了明代后期，朝鲜马体格矮小，这时估计再也没有朝鲜半岛的马贩子来中国了。

茶马古道望子关

——甘肃康县明代"察院明文"碑

▼位于茶马古道上的甘肃康县望关乡，发现了半块"察院明文"碑

2009 年，第三次文物普查时，甘肃陇南文化部门在康县望关乡发现了半块石碑。该碑圆首长方形，残宽 70 厘米，高 90 厘米，厚 18 厘米，青砂石质，碑额及碑文皆楷体阴刻，碑额从右往左横书，碑文竖 7 行，其中 5 行字迹易辨识，除了碑额为"察院明文"，还有"巡按陕西监察（御史）……示知一应经商人（等）……茶马贩通番捷路……旧规堵塞俱许由……敢有仍前图便由……官兵道（通？）同 □ 放（旅？）

者"等共 44 字。另外在水阳镇泰山村十字坪社发现的摩崖石刻，通过辨认文字，确定其名为《徽州重修石梯崖路记》，落款日期为"嘉靖六年（1527 年）正月初八日"。根据碑文内容，学者认为这块石碑是明代陇南茶马古道的文化遗存。

▲清末运茶工。他们赶着骡马，背着茶叶包，在崎岖的山路上奔波后，到站歇脚

陇南茶马古道始于汉唐，盛于明清，川蜀的茶叶就是经过这条古道北上并在西北换回马匹的，这块石碑是明代茶马贸易的实物证据。

———

明朝时期，为了抵御蒙古的侵扰，需要输入大量的战马，所以明朝继承了唐宋时期的政策，在西北以茶易马。《明史·食货志》记载："番人嗜乳酪，不得茶，则困以病。故唐、宋以来，行以茶易马法，用制羌、戎，而明制尤密。"这就是说，从唐宋以来，中原人就用茶来交换番人的马匹。明朝的茶马互市"绸缪边防，用茶易马，固番人心，且以强中国"（《明史·食货志》）。这个政策一举两得，一方面可以"固番人心"，一方面又可以"强中国"，即在政治、军事和经济等方面都得到好处。所以，明朝对茶马互市非常重视，设立了专门机构——茶马司，专门管理茶马交易。

洪武五年（1372 年），明朝在秦州（今天水）设立了第一个茶马司。实际上，秦州茶马交易始于唐代。安史之乱后，唐王朝的牧马监丧失不少，朝廷与帮助平定安史之乱的西域回纥在此"以马易茶"，可谓此是茶马交易之始。宋朝势弱，产马地被吐蕃、西夏、辽金占据不少，以茶易马成为加强国防建设的重要政策。所以根据开熙河路大将王韶的建议，"西人所嗜者惟茶，当以马至边贸易，因置茶马司"，宋神宗熙宁七年（1074 年）在这里设立过茶马司。据

▲陕西和甘肃交界处的窑坪，是茶马古道上一个商品贸易集散地。图中女主人举着的永祯堂牌匾，见证了这条古道的繁华

记载，宋仁宗至和二年（1055年），朝廷曾用唐银10万两在秦州买马，并在秦州、古渭、永宁寨、原州等地设置茶马交易市场。每年要从京城支银4万两，运出绸绢75000匹以充马价，买良马8000匹。

秦州茶马司设立不久，洪武七年（1374年），朝廷又在河州（今临夏）设立茶马司；洪武十二年（1379年），设立洮州（今临潭）茶马司。到洪武三十年（1398年），秦州茶马司改置西宁。永乐九年（1411年），又在甘州（今张掖）设立茶马司。此后，茶马司的设置或有变更，但至万历年间（1573—1619），仍有河、洮、岷、甘、西宁、庄浪（今永登）6个茶马司。其中河、洮、甘、西宁4个茶马司设置时间最长，终明之世都没多大改变。

明朝茶法相当完备，从产至销形成了一套缜密的制度：产茶有课，贮茶有仓，运茶有法，贩茶有引，管理有茶马司，盘查有批验所，巡视有御史、行人，易马则曾有金牌信符，比价有定，私茶有禁。

二

明朝在这些地方设立茶马司，主要是因为这里靠近河湟地区，所产的河曲马是优良的战马。明政府赋予茶马互市以特殊形式，即实行"马赋差发"制度，通过封建贡赋的方式征取马匹，然后筹之以相当于马价的茶叶。洪武十六年（1383年），明太祖敕松州卫指挥佥事耿忠曰："西番之民归附已久，而未尝责其贡赋。闻其地多马，宜计其地之多寡出赋。如三千户则三户共出马一匹，四千户则四户出马一匹，定为土赋，庶使其知君亲上奉朝廷之礼也。"（《明实录·太祖实录》）洪武二十五年（1392年）三月乙丑，"遣尚膳太监而聂、司礼太监庆童赍敕往谕陕西河州卫所番族，令其输马，以茶给之"

（《明实录·太祖实录》）。五月甲辰，"尚膳太监而聂等至河州，召必里诸番族，以敕谕之。诸族因感恩意，争出马以献。于是得马万三百四十余匹，以茶三十万斤给之。诸族大悦"（《明实录·太祖实录》）。

明政府先后制造了金铜信符和金牌信符，分发给西北各卫管辖下的各族部落，作为官方贸易的凭证。洪武二十六年（1393年），制金铜信符，"遣使往西凉、永昌、甘肃、山丹、西宁、临洮、河州、洮州、岷州、巩昌缘边诸番，领给金铜信符，敕谕各族部落曰：往者朝廷或有所需于尔，必以茶货酬之……今特制金铜信符，族颁一符，遇有使者征发，比对相合，始许承命"（《明实录·太祖实录》）。洪武三十一年（1398年），制金牌信符，"命曹国公李景隆赍入番，与诸番要约，篆文上曰'皇帝圣旨'，左曰'合当差发'，右曰'不信者斩'。凡四十一面：洮州火把藏思囊日等族，牌四面，纳马三千五十匹；河州必里卫西番二十九族，牌二十一面，纳马七千七百五匹；西宁曲先、阿端、罕东四卫，巴哇、申中、申藏等族，牌十六面，纳马三千五十匹。下号金牌降诸番，上号藏内府以为契，三岁一遣官合符。其通道有二，一出河州，一出碉门，

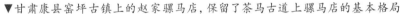

▼甘肃康县窑坪古镇上的赵家骡马店，保留了茶马古道上骡马店的基本格局

运茶五十余万斤,获马万三千八百匹"(《明史·食货志》)。

明朝把持牌纳马换茶的少数民族称为"纳马"或"中马"之族,把他们的土地草场叫作"茶马田地",即以马代赋的意思。属于官府征收的马匹,称之为"差发马",定期派官前去烙以印记,以备征发,并对征纳差发马的数量、时间及具体实施办法都有严格规定。金牌制的实行,使中央政府有效地控制了西北地区的茶马互市,也巩固了对该地区的统治。

三

陇南地区在两宋和明清时期是茶马交易的重要地区。一是陇南境内居住有大量的番民,在当时,今陇南宕昌县、武都区西北、康县西北、礼县和西和西南地区均为番民集聚区,他们以游牧为业,出产良马;二是这里距离河湟地区不远,是番族朝贡必经之地,也是互市的核心地区;三是以陇蜀古道为干线的古商道遍布陇南全境,是川茶北上必经之地。

陇蜀古道有若干条支线:第一条是阴平道(或称甘川道)从绵阳经江油、青川,翻越摩天岭,至碧口、文县、武都、宕昌、岷县进入番地,将洮河、白龙江、白水江流域串接起来的一条锁链,是从甘南州腹地经陇南地区(今陇南市)出走秦巴山地,东至陕西汉中,南达川北(青川、广元、平武、江油)乃至成都的战略要道。第二条是散关道(或西汉水道),从略阳出发,经康县窑坪、云台大山岔(古散关)、中坝、唐房坝、关沟门(向北可进入成县境内),沿西汉水经河口、李山、毛坝、太石,进入武都县境内,再经田河(向西经西和大桥、洛峪、何坝,到达礼县、岷县、漳县)、龙坝、隆兴、安化、武都,并入阴平道。第三条叫嘉陵道。以介于甘陕、甘川边界及其交接地带的嘉陵江为其主干,以河池(今徽县)白水镇为其枢纽的水陆兼行道。其向东北溯故道水可至故道县(凤县境),出散关可入关中、渭水流域,向西经河池登陆可达

▼甘肃康县收藏的明代马槽

秦州（天水）而入甘陇，顺流而下至兴州（略阳）登陆乃至汉中，径流而下穿越巴中可直趋长江（重庆）。

另外，陇南也是陕甘之间"祁山道"的必经之地。祁山道起于秦州，经过礼县祁山堡、石峡关（龙门关）、成县、飞龙峡、略阳等地，到达汉中。这条道路为水陆兼行道，水路以西汉水为主干，通过西汉水沿岸各渡口与陇南各条陆路相连。正因为商道密布，便捷通达，位于川甘交界地带的陇南，自古以来就被誉为"秦陇锁钥，甘川咽喉"。明代，位于陇南境内的北茶马古道再次商旅熙熙，驮队攘攘，无论是从南向北的川茶，还是自西向东赶运的马匹，途经这里是最省时、省力的"通番捷路"。茶马古道第一碑的发现地——康县望关，正是茶叶贸易北上秦州、西进藏区的便捷要道。

在陇南市康县、徽县、文县等地，已经发现了几十处与"北茶马古道"历史相关的遗存，包括了石碑、摩崖石刻、廊桥、古宅院落和马帮用品等。尤其是那些在岩石凿出的山路、河流上架起的索桥、峭壁旁悬空的栈道，都在讲述着"蜀道难"的故事。但是康县望关发现的摩崖石刻，告诉我们这条路虽然艰险，但对茶马贩来说是"通番捷路"。茶马古道不仅是西部各族交通和贸易的特殊道路，也是西北、西南各族人民与中原汉族迁徙交流、民族融合的通道。

蒙汉易马得胜堡

——山西大同明代得胜堡遗址

　　在山西大同和内蒙古集宁交界的地方有一段由黄土夯筑的土墙，这里便是被称为"边城五堡"之一的得胜堡的所在地。得胜堡是明代重要的军事要塞，明嘉靖十八年（1539年）为抗击蒙古瓦剌而建，万历二年（1574年）包砖，万历三十二年（1604年）七月扩修。在得胜口和得胜堡之间保存有一座古旧的四方城堡，石砌砖包，当地人称它为"四城堡"。原为明代得胜马市的主要交

▼明代山西大同得胜堡是明蒙"互市"的最大场所之一，大量的蒙古马在这里交易

易场所，设有南北致远店、马市楼、南阁、街市、民宅、中心市场等，是明代北部边疆明蒙"互市"的最大场所之一，和距其不远的助马堡、宁虏堡等都是明代著名马市。

▲元代著名的画家赵孟頫的《浴马图》(局部)，表现了当时社会对马的重视

一

明初，蒙古人退居塞外，仍称大元，随着可汗势力的衰微，各部封建主崛起。当时，蒙古高原基本上由瓦剌（又称为漠西蒙古）、鞑靼（又称漠北蒙古或东蒙古）及兀良哈三卫分别占据。当时蒙古与中原地区的经济交往，主要是以"通贡"和"互市"两种形式进行的。

通贡，就是蒙古贵族派遣使臣去明廷贡献方物，而明廷则回赠钱、物等的贸易形式。蒙古每次入贡人数多则几千，贡马及皮张数以万计。据不完全统计，永乐元年（1403年）至隆庆四年（1570年）的160余年间，蒙古各部向明廷入贡达八百多次，其中瓦剌在正统、景泰20年间向明廷派出贡使43次，13次的贡使人数是24114人、11次贡马、驼68396匹，五次贡豺鼠、银鼠等各种皮货达186332张。往往是前使未归，后使踵至，达到了贡使"络绎于道，驼马迭贡于廷"（《明实录·英宗实录》，而"金帛器服络绎载道"（谷应泰《明史纪事本末》卷三十三）的局面。

互市亦称马市，是明廷专门委任官吏负责组织、监督、管理交易过程，蒙古人以马匹和皮货等来换取中原地区的棉布、丝织品、锅釜、谷类产品等物的经济贸易形式。对汉族地区来说，蒙古良种马、牛、羊、骡等的传入，有利于内地育畜业的发展、毡裘等物的交换，丰富了中原人民物质生活。同时，明廷通过朝贡和互市，换取了大量的边防所需之马，加强了对边疆少数民族的"抚驭羁縻"。

据《明史·食货志》记载："明初，东有马市，西有茶市，皆以驭边省戍守费。"永乐年间，朝廷"设马市三：一在开原南关，以待海西；一在开原城东五里，一在广宁，皆以待朵颜三卫"，朵颜三卫就是兀良哈三卫。在开设马市前，蒙古各部主要是通过朝贡的方式与中原进行贸易的。明正统初年，蒙古各部派来的贡使越来越多，回赐的钱物越来越多，明廷感到难以应付，被迫允准开设马市。

大同和辽东、宣府、榆林、宁夏、甘肃、蓟州、太原、固原一起被列为九边之一，既是北方军事重镇、兵家必争之地，又是中原农耕民族和北方游牧民族经济文化交流的中心，也是蒙古各部族入贡必经之道，蒙汉人民贸易的重要场所。从正统至隆庆，明廷曾在此三设马市。

▼明代九边示意图

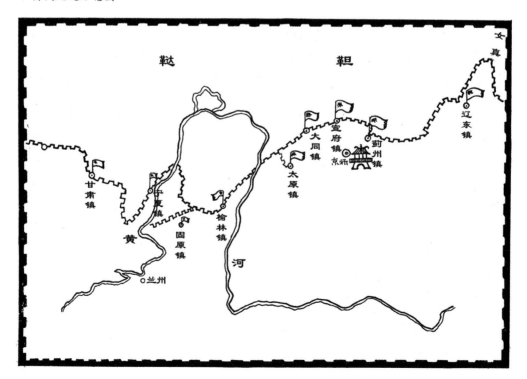

二

　　大同马市第一次设立于明正统三年（1438年）。由于蒙古贵族之间无休止的战争，再加上明廷所谓亲征、犁庭的影响，蒙古高原的经济社会受到了严重的影响，各种生产生活必需品奇缺，"锅釜针线之具，增絮米桑之用，咸仰给汉"（《万历武功录·俺答列传下》），所以迫切要求与汉地开展经济贸易。明初，朝廷在边境地区与漠西蒙古开展"互市"，如明永乐八年（1410年），明廷册封瓦剌首领马哈木、太平、把秃李罗，分别为顺宁王、贤义王、安乐王，并规定每岁入贡一次，准许在甘州、凉州进行贸易。永乐十一年（1413年），明廷封阿鲁台为和宁王，并允许"在边境市易"（《明实录·太宗实录》）。

　　正统三年（1438年）四月，刑部尚书魏源等首先建议在大同开马市，未能实行。后来，大同巡抚卢睿又请求在大同开设马市，允许军民以公平的价格购买蒙古的马、骡、驼、羊等。明廷批准了这个请求，并派达官指挥李原等到大同做通译官，经理互市事务。当时马市分官、民两市。在官市里，蒙古送来的马匹，由明廷发给马价，每匹马值金、银、绢、布各若干都有定数。官市完毕

交流卷

后，才允许将剩余物品进行民间交易，称之为民市。在民市里，蒙古用马、骡、驴、牛、羊、骆驼、毛皮、马尾等物与汉族商人交换缎、绢、细、布、针、线、食品等，但"禁货兵器、铜铁"，另由官府发给抚赏金银若干。大同马市的设立，加强了蒙汉人民之间的经济联系。正统（1436—1449）年间，单是大同一地，"往来接送及延住弥月，供牛羊3000余只、酒3000余坛、米麦100余石、鸡鹅花果诸物，莫计其数"，供馈费用一年达30余万两银子。（《明实录·英宗实录》）。

但是明廷对此种"通贡"和"互市"，仅仅作为维护边防、控制蒙古的一种手段。正如《明实录·明世宗实录》所说的，"国家初与'虏'为市，本为羁縻之术"。同时，明廷屡下诏令，不准中原地区人民与瓦剌贡使私语及货与兵器，违者谪边或处死，并且严禁私市。而且规定通贡必须严格遵守贡道和贡期，即谓"朝贡有常时，道路有定处"（《明实录·英宗实录》）。到正统十四年（1449年）瓦剌和明廷间土木堡之战爆发后，大同马市才被迫中断。

三

大同第二次开市，是在嘉靖三十年（1551年）。明代早期，漠南东部察哈尔蒙古大汗虽然没有直接向明廷称臣纳贡，但通过兀良哈三卫和明廷间的贡市关系，与内地进行贸易；漠南西部的俺答汗（阿勒坦汗）和明廷不时兵戎相见，没有建立正常通贡互市关系，致使广大蒙古牧民陷于"缝无釜，衣无帛""无茶则病"的困境（《万历武功录·俺答列传》）。

从嘉靖二十年（1541年）至嘉靖二十九年（1550年），俺答汗"无岁不求贡市"（《明实录·世宗实录》）。在求之不得的情况下，俺答汗经常诉诸武力，侵袭明边诸郡，以此迫使明廷允准通贡。嘉靖二十九年（1550年），俺答汗率兵"大掠怀柔，围顺义，抵通州，分兵四掠，焚湖渠马房，畿甸大震"（《明史·鞑靼传》）。第二年春，明廷拨白金十万两，在大同镇羌堡、宣府新开口堡以及延绥、宁夏开马市，准以马易布帛。"五月云中马市成，俺答出塞喜甚"（冯时可《俺答前志》），亲临大同，向明廷献九马（《万历武功录》卷7）。这次互市，宣、大、延、宁共易马一万余匹（《明实录·世宗实录》）。但明世宗视俺答等要求"以牛马易粟豆，求职役浩敕"为"乞请无厌"，又借口俺答"潜约河西诸郡内犯，堕诸边垣"（《明实录·世宗实录》），于第二年诏罢各边马市。

大同第三次开市，是在隆庆五年（1571年）。从嘉靖三十一年（1552年）至隆庆四年（1570年）20余年，蒙古和明廷之间延绵不断的战争使双方都损兵折将，俺答也感到"纵能入寇，得不偿失"（严从简《殊域周咨录》卷二十一）。隆庆四年（1570年），俺答派使臣要求封贡互市。隆庆五年（1571年），明廷封俺答汗为顺义王，俺答在大同得胜堡接受封王诏书，并上谢表及献马（《明实录·穆宗实录》）。之后，明廷陆续开设马市达十余处，有大同之得胜堡、新平堡、守口堡，宣府之张家口、山西之水泉营，宁夏之清水营、中卫、平鲁卫，甘肃之洪水扁都口、高沟寨等（《明会典·朝贡三》）。

▲山西大同司马金龙墓出土的北魏太和八年（484年）木板漆画题记

俺答汗每岁贡市，"交易不绝"，贸易额不断增加。隆庆五年（1571年）时，大同三堡官易马2096匹，六年4565匹，到万历元年（1573年）已达7505匹（方逢时《为恳乞议处疏通市马疏》）。交易的品种也有增加，蒙古人以马、牛、羊、骡、驴及马尾、羊皮、皮袄诸物，换取中原地区的缎、纳、布、绢、棉花等物，但禁止出售硝磺、钢铁、盔甲、弓箭、兵刃、蟒缎等，后逐渐弛禁，允许交换铁锅和农具等。

长城内外游牧经济与农耕经济有很强的互补性。从大同马市的兴废我们可以看出，由于蒙古游牧经济的单一性、游动性、脆弱性，决定了他们与中原地区进行交换的重要性，从而对中原地区产生向心力。明朝采取朝贡、互市等形式进行的经济交流，满足了各族人民生产生活的需要。蒙汉互市最终为形成汉蒙两族和睦相处、荣辱与共的格局奠定了坚实的基础。作为互市之地的大同得胜堡，见证了那段贡使往来不绝、商旅络绎于路的岁月。

巡茶察院在徽州

——甘肃徽县榆树乡火站村

徽县榆树乡火站村在古代是一处古镇，位于古代河池县北通秦州的古道上。村中有一个当地人称为竹林寺的佛教石窟。古人倚山就势，利用石崖自然斜面开凿了一大五小共六眼穹顶石窟，有佛像塑造痕迹。据当地学者王百岁研究，这个石窟当开凿于十六国时期、北魏早期。在石窟西侧布满杂树刺丛的半山腰，一处绝壁有摩崖文字隐约其上，文字多已模糊，惟"大明、徽

▼甘肃徽县青泥岭，是古代茶马古道的必经之地

交流卷

▲甘肃徽县火站村的竹林寺，是一个佛教石窟

州"几字还可辨认。据《徽县史话》记载："火站峪又名火钻峪，位于今徽县榆树火站村一带，地处古时徽州至秦州的茶马古道上。明朝时曾在这里设批验茶引所。"据文献记载，这里除了设立"批验茶引所"之外，明代茶马贸易的巡察机构"巡茶察院"也设在这里。那么，明朝为什么要在这里设立这些机构呢？这些机构在茶马贸易中有什么功能？

一

为了更好地控制茶马贸易，明朝实行了"茶引"制度。清人吴璟《左司笔记》记载："明初，用宋法，置陕西之河州、洮州、西宁、甘州及四川之碉门茶马司凡五，立上引、中引、下引，官茶、商茶、附茶之法，以招商中茶。而陕之汉中、川之夔保，其卖买私茶者皆有罪。凡产茶之地皆有税，而别立茶仓以贮茶。更置巡茶御史以掌之。"简单地说，"茶引"是官府发给茶商的茶叶运销凭证。商人到茶产区购买及运销茶叶，必须在榷货务纳税领引。明朝除了在"四川置茶马司一，陕西置茶马司四"，还在"关津要害置数批验茶引所"。"批验茶引所"专管茶引发放和查验。

明朝设在秦州的"批验茶引所"有骆驼巷、稍子镇和徽州火钻镇等三个，专门负责秦蜀道茶马贸易及茶引检验等事务。察院行台设立在徽州火钻镇，因为这里是茶马交易必经之地。正统五年（1440年），明英宗将无茶课的批验所悉数裁减，而火钻镇茶引批验所却因其独特的位置而得以保存。

除了察院和茶引所外，当时徽州还设立有两处巡检司：一处是"虞关巡检司，在州南五十里，堂序门垣如制。一员（吏一名）"（郭从道《徽郡志》）；另一处乃"高桥关与秦州接壤，旧有高桥巡检司，今裁"（张伯魁《徽县志》）。明朝的巡检司一般设于关津要道、要地，归当地州县管辖，驻有巡检、吏各一员，统领相应数量的弓兵，负责稽查往来行人，打击走私、缉捕盗贼，是地方性军事机构。

嘉靖十七年（1538 年），巡茶御史沈越到徽州火钻镇巡茶，面对"于所无衙、于官无事，如虚衔"的批验茶引所时，感慨道："此地去徽六十里程，去秦二百里程，而茶马由是通焉，岂可以无官守与公署哉？""御房在士，奋士在马，畜马在茶，行茶在公署。公署不立，而欲茶之行者鲜矣。茶课不足，而欲马之畜者鲜矣。马力不齐，而欲士之奋者鲜矣。"于是知州王时雍新修茶院行台。修建完工后又请正德三年（1508 年）状元、一代大儒、礼部侍郎吕柟撰写了《新修巡察茶院行台记》，着重论述了茶马互市对国家安危的重要意义、修建火钻巡察茶院的必要性和紧迫性，以及沈越新修茶院行台落成后的情形。

二

明代吕柟所撰《新修巡茶察院行台记》，为嘉靖十八年（1539 年）徽州火

▼明洪武年间茶马互市情况表

明洪武年间茶马互市情况表

时　　间	互市地点	互市情况
洪武十一年（公元1378年）	秦州、河州、庆元、顺龙	易马六百八十六匹
洪武十二年（公元1379年）	秦州、河州	以茶市马一千六百九十一匹
洪武十三年（公元1380年）	河州	用茶五万八千八百九十二斤，牛九十八头，得马二千五十匹。
洪武十四年（公元1381年）	秦州、河州、洮州、白渡、庆元、纳溪	用茶、盐、银、布易马六百九十七匹。
洪武十五年（公元1382年）	秦州、河州、洮州、庆元	市马五百八十五匹。
洪武十七年（公元1384年）	秦州、河州、碉门	以茶易马、骡一千一百五十匹。
洪武十八年（公元1385年）	秦州、河州、叙南、马撒、宁川、毕节	市马六千七百二十九匹。
洪武十九年（公元1386年）	陕西、河州	以钞三十九万三千六百九十锭，市马二千八百七匹。
洪武二十年（公元1387年）	雅州、碉门	以茶一十六万三千六百斤，易马、骡、驹百七十余匹。
洪武二十七年（公元1394年）	秦州、河州、雅州、碉门	市马二百四十余匹。
洪武三十年（公元1397年）	泸州	用布九万九千四十余匹，易马一千五百六十匹。

钻镇巡茶察院行台建成后记录其始末的碑文。内容除了涉及巡茶察院的机构设置、茶马贸易的线路以及马政的弊端之外，还明确了巡茶察院的主要功能。据该文介绍，沈越到任后有七项举措：

一是"乃令汉中府岁办地亩、课茶五十四万，依期起运。禁茶园、店户盗卖欺隐，而中茶商人领引之后，不得辗转兴贩，别务生理。久不完销，以稽国课。虽山西诸处，各该原籍，亦必监候家属"。

二是"又令洮、河、西宁三道督察三茶马官吏，于运到茶斤，不得收粗恶者于库内以易马，而以甘美之茶给商人"。

三是"又令守巡参将诸官，责各衙门巡捕官即理巡茶。而西戎、土番，叠溪、松、茂以至西宁、嘉峪诸处私贩茶徒，不得肆行潜通番人易其马"。

四是"又令各驿递衙门于发到摆站嘹哨，茶徒纳工拘役及贫病者各有所处"。

五是"又令甘肃二行太仆寺及陕西都、行二司，严视官军马匹，不得走失，而桩朋、地亩、马价亦皆及时完征。并禁官马不得驮载私物，减其粮料"。

六是"又令派定空闲牧军守候，茶马一到，即时俵领，勿得守至旬月，致马瘦损，至啮柱槛。其各苑亦必相水草之宜，而腾驹游牝，各得其所。围长群头皆不得惰偷闲旷，以废其业"。

七是"又令苑马寺通行分管三路官员，亲诣各该监苑，巡视寨堡，务必高墙深堑，坚实完厚，保障地方收敛，马匹勿致损失"。

从这些措施可以看出，设置巡茶察院的目的是为了落实"汉茶有招马之令，番人有市马之乐，监苑有饲马之实，寨堡有护马之所"的政策。茶马事关军国大计，有明一代朝廷常抓不懈，而永乐之后机构、官员或裁或设，制度反复无常，马政凋敝，每况愈下。弘治十五年至十七年（1502—1504），都察院左副都御史杨一清督理陕西马政，出台一系列整顿措施，成效显著，之后又陷入不断整顿又不断衰败的境地。嘉靖十七年（1538年）沈越任巡茶御史之前，因奸商私贩、官吏冒支、草场被侵等实质性问题始终无法解决，因此，沈越对整顿茶马贸易的举措主要是抓落实，希望出现"行之数年，虽骒牝千亿，亦可睹也"的良好效果。

三

据明代《徽郡志》记载，嘉靖年间，徽州火钻镇新修巡茶察院行台之后，对茶马互市进行专门管理，"汉中府所属五州县课茶俱由此地运送秦州三十五里店交割"。由于运送茶叶数额较大，需要大量的人力，就有"在秦州、秦安、清水、礼县四处金编运茶脚户刘文光等百有余名"，专门从事茶叶运输工作。

茶脚户们的收入，"除支领工食外，任其开垦荒山、砍伐林木"。划给他们耕种的范围"自本镇至滴水崖，南北亘七十里，东西阔二十里，地未入册，粮未起科，是以相传为茶夫地云"。开垦荒山必是就近进行，划了七十里长、二十里阔的范围，由此可知当时徽州境内的茶脚户当在数百人。后来茶马互市一度中落，但茶脚户们的茶夫地则子孙延续，成为祖业，历代耕种，并未征粮。

"至万历三十三年（1605年），西乡县复运茶到州，议添茶脚。前任知州申请布政司批允在本州一十八里

▼嘉陵江畔的甘肃徽县古道，是茶马古道上陕川之间必经之地

每年派银二百六两三分，刻入条鞭规则内，遂为岁额，州民苦之。"万历九年（1581年）推广的新法把茶脚户们运茶的费用摊到徽州老百姓的头上，增加了老百姓负担，而茶脚户们则继续耕种茶夫地而不用征粮。王秉等知情人士状告到两院，于是礼县知县尹焕开始查验茶夫地。经查，茶夫地共计57888亩，"共该银一百一十七两一钱六分九厘五毫九丝六忽，内除去有主原粮一十一石四斗一升九合四勺，每斗该价银一钱四分，共银一十六两一厘一毫六丝外，实该征银一百一两一钱六分八厘四毫三丝六忽"。茶夫地应征银两几乎占全县派银的一半，可见茶脚费用之巨、茶夫之多、运茶数量之大。

《徽郡志》还记载了有关茶马互市人员俸禄情况：黑松林驿馆夫五名，银三十两；徽山驿馆夫三名，每名准银四两；九股树弓兵一十五名，银七十五两；虞关巡检司弓兵三十名，每名准银二两五钱；茶引所秤子六名，每名准银二两五钱；安山递运所防夫二十五名，银二百二十五两；茶夫，银二百六两三分；察院门子二名，每名准银一两五钱；火钻公馆门子，每名各准银三钱。

从这份俸禄名单中，可以看出不同职位茶马人员的俸禄情况，由"茶引所秤子六名"也可以窥见徽州茶马互市的规模。

明代兵部尚书王邦瑞曾有诗《宿火站行台》云："下马孤亭客路长，万峰回绕郁苍苍。山川不尽皆文物，禾黍犹存几战场。峡口远连江水白，陇头近是塞云黄。畏途总有登临兴，无奈猿啼欲断肠。"这首诗不仅描写了沿途风景和自我感受，而且强调了火钻（站）这个茶马古道必经之地位置的重要性。在榆树乡火站村珠临寺摩崖中有着"茶印所""知州左"的字样，这应该是茶引所为珠临寺重修布施后的功德印记。原建于火钻村的"批验茶引所"，早已在历史的更替中成了一片平地，但是这个地名还是给我们留下了明代茶马古道的许多回味。

金牌纳马存告示

——青海省档案馆藏明代"拒虏纳马"告示

在青海省档案馆馆藏中，珍藏有一幅明朝万历十九年（1591年）钦差巡按陕西监察御史关于"拒虏纳马"事给青海地区吐蕃人的申明告示。告示中说："除今年慧隆寺族坚措合上等，纳过差发马共捌匹，照数给茶颁赏外，各族头目传谕各番，以后务要感恩图报，一心顶戴大明皇帝，每年收养好马，依期来纳。……番汉合并剿虏，使虏不能驻牧西海，尔等自无顾虑，岁岁纳马易

▼青海省档案馆藏"拒虏纳马"告示，是明朝汉番之间茶马互市的历史见证

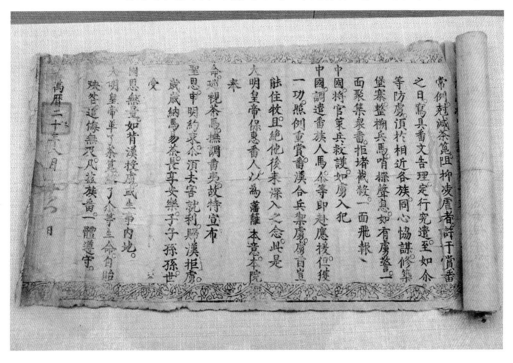

茶，永享安乐。"这一档案史料，记载了"金牌差马"制度的基本情况，是明朝时期汉番人民通过茶马互市互通有无、互为依赖，进行经济文化交流的历史见证。

一

明代建立后，北方边境受到蒙古贵族残余势力的严重威胁。为了加强国防力量，对马匹需求迫切，茶马贸易受到了政府的强烈干预。从这份档案可以看出，明政府利用西蕃人民嗜茶如命的特点，控制茶叶，从"番"民手中换取大量的军马，使西蕃受制于中央王朝的"以茶驭番"政策。

在明代，番汉间的经济往来最为频繁的是茶马贸易。茶叶是以肉食为主的吐蕃人的生活必需品，"番人嗜乳酪，不得茶，则因以病。故唐、宋以来，行以茶易马法"（《明史·食货志》）。迨至明初，由于番汉间经济联系的密切、交通状况的改善和明朝政府对马匹的迫切需要等原因，明朝政府与吐蕃人地区的茶马贸易有了较大的发展。洪武初年，明朝政府"设茶马司于秦、洮、河、雅诸州，自碉门、黎、雅抵朵甘、乌斯藏，行茶之地五千余里。山后归德诸州，西方诸部落，无不以马售者"（《明史·食货志》）。这些设于陕西、四川等地的茶马司，是明朝政府管理、经营茶马交易的机关。在秦、洮、河、雅诸州，明朝政府建立仓库，储存茶叶，与吐蕃人进行茶马贸易。

明代前期，番汉间的茶马贸易由明朝政府垄断经营。明朝政府为了垄断茶马贸易，首先严禁私商贩运茶叶。据《明会典》记载："洪武三十年（1397年）诏，榜示通接西蕃经行关隘并偏僻处所，著拨官军严谨把守巡视。但有将私茶示境，即拿解赴官治罪。"永乐六年（1408年），朝廷下令"若有仍前私贩，拿获到官，将犯人与把关头目，各凌迟处死，家迁化外，货物入官。有能自首，免罪"（《明会典·茶课》）。即使皇亲国戚也严惩不赦。如洪武三十年（1397年），驸马、都尉欧阳伦，"数遣私人赐茶出境"，路过津关时被发现，家奴周保还打了守卒。明太祖听说以后，"帝大怒，赐伦死，保等皆伏诛"（《明史·安庆公主传》）。

明朝政府严禁私贩茶叶的主要目的是"盖西边之藩篱，莫切于诸番；诸番之饮食，莫切于吾茶。得之则生，不得则死，故严法以禁止，易马以酬之。

禁之而使彼有所畏，酬之而使彼有所慕，此所以制番人之死命，壮中国之藩篱，断匈奴之右臂，其所系诚重且大，而非可以寻常处之也"（《明经世文编·议茶马事宜疏》）。从这段话可以看出，明朝统治者是通过茶马贸易对番人"行其羁縻之道"的

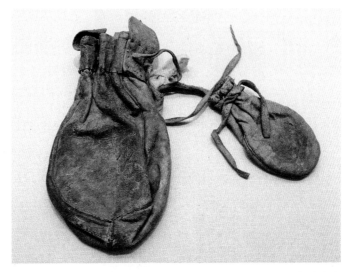

▲西藏遗存的在茶马古道上使用过的皮质茶盐手袋

有效手段。同时，明朝垄断茶马贸易，在产茶区设置茶课司，管理征收茶课事宜；设立批验所，管理检验茶引、茶由及征收商茶的茶课，这样也就增加了政府的税收。

二

明代吐蕃人主要居住在西藏和青海南部、甘肃西部、四川甘孜及云南部分地区（时称朵甘）。洪武六年（1373年），明朝政府设置了指挥使司、宣慰司等行政机构，加强了对西藏的管理。永乐五年（1407年）和十二年（1414年），朝廷两次命令修复驿路、修建驿站，改善了内地与吐蕃地区的交通状况，为番汉民族间的商业往来提供了有利的条件。

为了控制茶马贸易，明政府先后制造了金铜信符和金牌信符，分发给西北各卫管辖下的各族部落，作为官方贸易的凭证。金牌信符是一式对剖的检验凭证。正面"信符"两字，背面为"皇帝圣旨，合当差发，不信者斩"的篆文。按照规定，每三年征发一次，届时政府派遣官兵深入草原各部，验明符印，按照规定的比价，交换茶马。"金牌信符"制度起源于洪武九年（1376年）。当时"征虏将军邓愈，穷追番部，至昆仑山，道路疏通，奏设必里卫二十一族，颁降金牌二十一面为符纳马"（顾炎武《天下郡国利病书·陕西五》）。到洪武三十一年（1398年），金牌信符已经增加到四十一面。其中，

▲ 这张照片显示，直到近代，茶马古道上的运茶马队行程依然非常艰难

"洮州火把藏思囊日等族，牌四面，纳马三千五十匹；河州必里卫西番二十九族，牌二十一面，纳马七千七百五匹；西宁曲先、阿端、罕东、安定四卫，巴哇、申中、申藏等族，牌十六面，纳马三千五十匹。下号金牌降诸番，上号藏内府以为契，三岁一遣官合符。其通道有二，一出河州，一出碉门，运茶五十余万斤，获马万三千八百匹"（《明史·食货志》）。

明朝通过金牌信符，严格控制以茶换马的对象，把持牌纳马换茶的少数民族称为"纳马"或"中马"之族，把他们的土地草场叫作"茶马田地"，即是以马代赋的意思。属于官府征收的马匹，称之为"差发马"，定期派官前去烙以印记，以备征发，并对征纳差发马的数量、时间及具体实施办法都有严格规定。"每三年一次，钦遣近臣赍捧前来，公同镇守三司等官，统领官军，深入番境扎营，调聚番夷，比对金牌字号，收纳差发马匹，给与价茶"（《明经世文编·为修复茶马旧制以抚驭番夷安靖地方事》）。这是唐宋以降，蕃汉茶马贸易历史上出现的新制度，是明太祖在民族贸易中的新举措。明朝政府通过金牌信符制度，垄断了茶马贸易，达到了"虽所以供边军征战之用，实所以系番人归向之心"的双重目的。"金牌信符"制度的推行，促进了当时蕃汉间茶马贸易的发展，加强了吐蕃人与汉族间的经济联系。

三

除了通过金牌制度，明朝廷征调了吐蕃马之外，还用茶换来大量的马匹。如宣德五年（1430年），镇守洮州都指挥使李达上奏，说边军缺马巡哨，请求运汉中府所储藏的茶五万斤前往洮州买马；宣德十年（1435年），"出京库布于甘肃市马"；洪武二十五年（1392 年）"尚膳太监而聂等至河州，召必里诸番族，以敕谕之。诸族皆感恩意，争出马以献。于是得马万三百四十余匹，以茶三十余万斤给之，诸族大悦"；天顺五年（1461 年），"陕西河州卫奏：前调本卫马军二千从征，括马只得五百六十余匹，余不能办。乞将本卫庆安库所储下番赏赐缎匹、绢、布、绵等物，市马给军"。

吐蕃各部首领也投其所好，向明朝贡献马匹，朝廷也回赐大量的钱物。这类"贡赐贸易"的材料在《明实录》中有很多，如洪武三年（1370 年），"吐蕃宣慰使何锁南普等十三人来朝，进马及方物"；洪武十八年（1385 年），"西番僧人参旦藏卜输马七百八十二匹于河州卫"；永乐十二年（1414 年），西番诸族十五长官司，遣使来朝贡马；永乐十三年（1415 年），"正觉大乘法王昆泽思巴遣使贡马"；宣德四年（1429 年），"乌思藏国师领占端竹、阿木葛、大国师释迦也失，并大乘法王、辅教王、阐化王使臣锁南领占等五百四十二人贡马及方物"；宣德五年（1430 年），"罕东卫指挥佥事那南遣僧滚藏、乌思藏大国师释迦也失之徒养答儿等贡马"；正统二年（1437 年），"乌思藏大慈法王释迦也

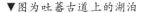

▼图为吐蕃古道上的湖泊

失徒弟禅师领占等各来朝，贡驼马及方物。赐踩币等物有差"。有学者统计过，从天顺八年（1464年）开始，到弘治十三年（1500年）为止，36年时间里，《明实录》所记载的贡马的记录总计有37次，平均一年一次以上。庞大的朝贡使团如何回赐，成为明廷越来越头疼的一件事。成化六年（1470年）四月乙丑，工部上奏说："四夷朝贡人数日增，岁造衣币，赏赉不敷。"皇上不得不下令讨论减少各地朝贡人数的问题。

　　金牌信符的颁发，是明王朝为了巩固其在藏区的统治而笼络吐蕃僧俗上层推行的一种策略。通过这种贡赐贸易、怀柔政策，加深了少数民族贡马与朝廷赏赐之间的政治联系。在青海省档案馆珍藏的这幅"拒虏纳马"是"以茶驭番"策略以推行"金牌差马"制最为典型的运用。明朝推行金牌差发马制的茶马互市贸易在一定时期促进了番汉地区农牧经济的发展，密切了汉族与兄弟民族之间的关系，对维护民族的团结和国家统一曾起过重要的作用。

洮州马市在卫城

——甘肃临潭县新城镇明代洮州卫城遗址

洮州卫城位于临潭县新城镇东陇山脚下的南川，是一座前后城结构的古城遗址。它依山而建，一半在平地，一半在山坡，平面呈不规则长方形。这座古城有五座城门：东"武定"，南"迎薰"，西"怀远"，北"仁和"，西北还有一个小门叫"水西门"。现存比较完整的就是南门，四周城墙保存较好，城东北和西北山头有烽火台，城内街道布局基本尚存。据《卫城竣工碑》记载，卫

▼甘肃临潭新城镇洮州卫城鸟瞰图

城筑于明洪武十二年（1379 年）。由于洮州位于"西控生番，北枕番族，南通叠部"的"华夷之枢纽"，所以明洪武年间，在河、湟、洮、岷地区设置的"番族诸卫"中，洮州即是其一。在历史上，这里不仅是控制藏地、抚谕诸番、隔绝羌胡的军事戍防据点，而且还是古代中原王朝与边疆诸戎茶马贸易的重要地方，明朝的洮州茶马司就设在这里。

一

据史料记载，洮州卫城始建于汉代，当初叫侯和城。三国（220—280）时期，临潭地区为曹魏秦州陇西郡临洮县（今岷县）所辖，境内有洮阳、侯和戍守要地。当年蜀将姜维与魏将邓艾曾战于侯和。太平真君六年（445 年），北魏太武帝在这里设洪和郡，下辖水池、蓝川、覃川三县。到北魏太和五年（481 年），吐谷浑占领了这一地区，首领王符连筹新建了洪和城。武德二年（619 年），唐高祖设置洮州，贞观五年（631 年），洮州移治于洪和城。安史之乱时，陇右弃之不守，吐蕃攻占洮州。

北宋初期临潭地区为唃厮罗政权占据，称洮州为临洮城。北宋神宗熙宁五年（1072 年）十月，王韶开熙河之后，朝廷置熙河路，领熙、河、洮、岷四州及通远军。鉴于番汉茶马交易的重要性，王韶向中央建议在熙河设置专管茶马交易的机构——榷贷务，大量购买朝廷急需的战马。宋室南迁后，设立文（甘肃文县）、黎（雅安汉源）、珍（贵州正安）、叙（戎州即宜宾市）、南平（重庆南川）、长宁（四川长宁）、阶（甘肃武都）、和（甘肃南境）八个市马场，其中"洮州蕃马或一月或两月一至焉"。

洮州位于宋金交战的拉锯地带，金兵占领这里以后，也先后在洮州置榷场三次。据《金史》记载，公元 1141 年始于洮州置榷场，18 年之后的 1159年，罢洮州榷场。1164 年，复置洮州榷场，后因宋金交恶，被迫停止。公元1208 年，宋金议和成功，再次在洮州置榷场。金国所需茶叶，除南宋岁供之外，便仰赖于榷场交易。

元朝建立以后，至元六年（1269 年）在中央设立总制院，至元二十五年（1288 年）改总制院为宣政院，下辖吐蕃等处宣慰司都元帅府（又称朵思麻宣慰司）、吐蕃等路宣慰司都元帅府（又称朵甘思宣慰司）、乌思藏纳里速古鲁孙三路宣慰司都元帅府（又称乌思藏宣慰司）等三个都元帅府，洮州隶属于吐蕃等处宣慰司都元帅府洮州路元帅府县管辖，治所就在今临潭县新城镇。

<h2 style="text-align:center">二</h2>

明朝洪武二年（1369 年），明朝北征大军的前锋部队攻下"西通蕃夷，北界河湟"的洮州；洪武三年（1370 年），左副将军邓愈"自临洮进克河州"；四年（1371 年）正月，明朝在西番地区设立了最早的机构——河州卫。考虑到洮州地的重要性，又设洮州军民千户所一处，百户所七处，汉番军民百户所两处，隶属河州卫。洪武十一年（1378 年）十一月，朱元璋以"西番屡寇边"为由，对洮州地区发动了大规模军事行动，连获大捷。当月二十九日，沐英率军到达洮州故城，斩杀叛逃土官阿昌、失纳等人。在西征大捷的同时，明政府设置洮州卫于旧洮堡（今临潭县旧城）。洪武十二年（1379 年），命沐英等人于"东笼山南川度地筑城置戍"，这就是现在新城镇的洮州卫遗址。

为了管理茶马贸易，洪武四年（1371 年）二月，"设茶马司于秦、洮、河、雅诸州，以川陕茶易番马"。洮州茶马司前期设在旧洮州堡。后随着洮州卫卫

▼丝绸之路陕甘青的河南道路线图

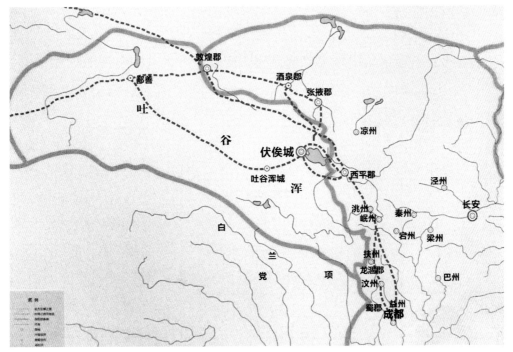

城的竣工，茶马司迁往卫城，卫城也随之成为茶马贸易的另一市场。

当时，洮州茶路的来源，主要来自陕西、四川两省。因川陕是距西北边境最近的产茶区，而且产量大、茶质好，深受边疆各部族的欢迎。明廷在产茶区设置课司，立仓收贮大量茶叶，专门用来市马。从洪武四年（1371年）十二月起，陕西汉中府各县茶园的茶叶收购"诸处茶园共四十五顷七十二亩，茶八十六万四千五十八株。每十株，官取其一，民所收茶，官给直买之。无户茶园，以汉中府守城军士薅培，及时采取，以十分为率，官取其八，军收其二。每五十斤为一包，二包为一引，令有司收贮，令于西番易马"（《明实录》卷一百七十）。次年（1372年）十二月，在四川碉门、永宁、筠连等处的"巴茶"产地设立雅州、安州、筠连等五茶局，具体负责收茶征税，每年能收茶百万斤之多。这就为茶马贸易提供了可靠的物质基础。

据史料记载，当时川茶在重庆集贮，由水路经嘉陵江而上，从昭化入白龙江，进入甘肃南部重镇碧口，再经陆路由各府运递各茶马司。陕茶是在伏羌、宁远、秦州设转运站，自武山径由岷县东部西上，运往洮州及其他茶马司。明政府为了保证茶叶的数量和质量，还在洮州设立了批验所，以保护茶马贸易的正常进行。

三

洮州卫茶马互市开始设立的时候，贸易并不兴盛。洪武十四年（1381年）十二月，"秦、河二州以茶易（马）一百八十一匹，洮州卫以盐易（马）一百三十五匹"（《明实录》卷一百四）；洪武十五年（1382年）十二月，"秦、河、洮州茶马司及庆远裕民司，市马五百八十五匹"（《明实录》卷一百五十四）。为加强河、湟、洮、岷等地茶马贸易的统一

▼明初青藏高原茶马互市情况表

明初茶马比价表

时间	地点	茶马比价		
		上马一匹	中马一匹	下马一匹
洪武十六年（公元1383年）	永宁	80斤茶	60斤茶	40斤茶
洪武二十二年（公元1389年）	岩州、雅州	120斤茶	70斤茶	50斤茶
永乐八年（公元1410年）	西宁	100斤茶	80斤茶	60斤茶
	河州	60斤茶	40斤茶	递减

管理，明政府于洪武十六年（1383年）将洮州卫茶马司划归河州茶马司中。

到洪武二十六年（1393年）二月，朝廷颁布了金牌信符制，规定西番诸部纳马时，洮州成为重要的纳马地。《明史·食货志》载："洮州火把藏思囊日等族，牌四面，纳马三千五十匹。"金铜信符"下号金牌降诸番，上号藏内府以为契"，派专门官员每三年一次验马给茶，"如有拖欠之数，次年催收"《杨一清《为修复茶马旧制疏》）。"市马"变为

▲北茶马古道经过的冶力关，现已成为甘肃临潭的旅游名胜

"纳马"，成为边疆各族"如田有赋，如身有庸，示职贡无所逃"（《古今图书集成》卷二百九十二）的义务。明洪武三十一年（1398年）三月，朱元璋命曹国公李景隆入番颁发金牌，与诸番要约，定期纳马。首次就以"茶五十余万斤，得马一万三千五百一十八匹"（《明实录》卷二），分配给京卫骑兵护养。到宣德十年（1435年）时，纳马数量达到明代历史上的最高峰。"陕西、西宁、河州、洮州等地输马一万三千多匹，当给赏茶一百九十万七千余斤"（《明英宗正统实录》卷一），可见以茶易马的数量之多。自金牌信符制施行后，明政府从西北番区得到的马匹，已经达到洪武年间前所未有的程度，使河、湟、洮、岷

地区成为明朝得马的重要基地。

明代茶马贸易的价格也在不断变化，这从每匹马换取的茶叶数量可以明显地看出来。明初易马定例为三等，上等马易茶 40 斤，中等马易茶 30 斤，下等马易茶 20 斤；洪武二十三年（1390 年），定"上等马每匹一百二十斤，中等马每匹七十斤，下等马每匹五十斤"（《明英宗正统实录》卷一百六十四）。而到永乐十年（1412 年）时，上等马给茶 60 斤，中等马给茶 40 斤，下等马逐减。生活在洮州的居民不仅通过茶马贸易获得了生活所需的茶叶，而且"洮地高寒，稻粱不生，布帛丝麻之类，皆来自他邦"（《洮州厅志》卷二），其他的生活用品如布匹、盐、青稞、纸张、红糖、药材等也是通过茶马贸易获得的。

洮州卫城保存完整，是我国明代卫所制度不可多得的遗存，所在古洮州是"西控番戎、东蔽湟陇"的战略要地，茶马贸易成为联系中原王朝与边疆少数民族地区的牢固纽带。到清代，这里仍然是茶马贸易的重要地区，清代诗人陈仲秀的《洮州竹枝词》写道："牛马喧腾百货饶，每旬交易不须招。夕阳市散人归去，流水荒烟剩板桥。"吕芳规的《看贩子出口》也写道："番帽番衣番样穿，腰悬利刃背生烟。驽马识途能致无，驮牛负重各争先。笠天席地何辞苦，暑夏寒冬不计年。皮毛满载归来日，猎犬猎猎犹带膻。"这些诗句生动地描绘了清朝洮州牛马交易和皮毛贩运的兴盛景象。

茶马互市团山堡

——辽宁北镇市明代团山堡遗址

在辽宁北镇市正安镇西 5 公里，有一个村子叫马市村，是东北一个普通的村庄。但在明代，这个地方叫团山堡，赫赫有名。据史书记载，永乐三年（1405 年），明廷在开原城和广宁城各置马市一所，分别设马市官，收买蒙古兀良哈和女真各卫马匹。每逢开市之日，牛来马往，盛况空前。当时蒙古人的马匹、牛羊、皮毛等畜牧业产品，女真人的人参、鹿茸、貂皮等土特产品，

▼辽宁北镇市北镇牌坊，还在讲述着这个马市昔日的辉煌

都是通过这里的互市输入内地的。虽然目前这个地方的城墙只剩下几十米残垣断壁，但是团山堡在中原和东北边疆马交流的历史上留下的浓重色彩仍然没有褪去。

——

经过长期频繁战争，明朝建立后马匹奇缺。所以明朝建立后，十分重视马政建设。《皇明典故纪闻》记载，成祖曾问兵部尚书刘俊："今天下畜马几何？"刘俊回答说，因为"兵兴耗损，所存者二万三千七百余匹"。成祖曰："古者掌兵政谓之司马，问国君之富，数马以对，是马于国为最重。"为得到品种优良的战马，明廷首创了在民间代官养马制度。但仍然无法解决明初战事频繁、马匹奇缺的矛盾。所以，在永乐初年，朝廷让边疆少数民族大量贡献马匹，凡来朝贡马者均给予重赏，故贡马者争先恐后，大力发展"贡赐贸易"。这样一方面缓解了战马的紧缺，另一方面达到招抚和羁縻少数民族以安靖边防的目的。

▼黑龙江哈尔滨阿城区亚沟岩石上的这幅武士石刻像，是目前保存最完整的金代武士像

东北地区主要居住着蒙古、女真等部族，也向明朝朝贡。东北地区自然条件优越，物产丰富。当时东北地区西部大兴安岭以东的蒙古各部主要以畜牧业为主，尤其是兀良哈三卫蒙古人居住区的良马更为有名。东北中东部地区由北而南依次为野人女真、海西女真、建州女真三大部。东北女真各部，野人女真事狩猎，海西女真多游牧，而建州女真近农耕，正处于由渔猎、游牧向农耕过渡时期，出产东珠、人参、貂鼠、松子等土特产以及马和粮食。这些少数民族要以马、皮毛和人参等特产同中原地区汉族人交易，换

回他们所需的生产和生活必需品。中原地区也希望与从他们那里交换来马、牛等大牲畜，以及毛皮、人参等土特产品，所以当时的贡赐贸易非常兴盛。

但是东北少数民族来京贡马，路途遥远，运马艰难。永乐三年（1405年）三月，明成祖饬令兵部："福余卫指挥喃不花等奏其部属欲来货马，计两月始达京师。今天气向热，虏人畏夏，可遣人往辽东谕保定侯孟善，令就广宁、开原择水草便处立市，俟马至，官给其直即遣归。"从此，明王朝正式在东北设立了广宁、开原等马市。马市首先实

▲图为内蒙古赤峰地区发现的辽代散乐图壁画

现了物资的交换，东北地区的马、毛皮和土特产输入到内地，而内地的铁锅、铁铧犁、耕牛、绢缎、棉布、盐、米、陶器、瓷器等生产生活用品也流入边疆地区。此外，更加重要的是，还可以招抚和羁縻东北少数民族以安靖边防，"朝廷许其互市，亦是怀柔之仁也"。

二

明朝建国以后，在北部边防线上设"九边"重镇，即指设立的辽东镇、蓟州镇、宣府镇、大同镇、太原镇（也称山西镇或三关镇）、延绥镇（也称榆林镇）、宁夏镇、固原镇（也称陕西镇）、甘肃镇九个边防重镇，史称"九边重镇"。明朝设立的东北马市主要在辽东镇，所以被称为辽东马市。

辽东马市初开的永乐年间，只有三个马市，"一在开原南关，以待海西。一在开原城东五里，一在广宁，皆以待朵颜三卫"（《明史·食货志》）。到了万历年间，辽东马市规模进一步扩大："广宁设一关一市，以待朵颜、泰宁等夷；开原设三关三市，以待福余西北等夷；开原迤东至抚顺设一关市，待建州

等夷。"(《明神宗实录》)此后应建州女真之请,辽东抚按张学颜奏准朝廷设抚顺、清河、瑷阳、宽甸等马市。

　　有明一代,辽东马市的设置情况如下:广宁市,永乐三年(1405 年)设,初设于广宁卫(今辽宁省北镇)的铁山,永乐十年(1412 年)移至城北 25 里的团山堡(今马市村),市易对象为兀良哈三卫各部,初为月市,后向民市演变;广顺关市,永乐三年(1405 年)设,市址在开原城 15 里外东果园,市易对象为兀良哈三卫,初为月市,后向民市演变;开原市,永乐三年(1405 年)设,市址在开原城南墙,市易对象为女真各部,初为月市,后为民市;镇北关市,永乐三年(1405 年)设,市址在开原里外马市堡,市易对象为女真各部,初为月市,后为民市;新安关市,成化年间设,市址在开原里外庆云堡,市易对象为兀良哈三卫,初为月市,后为民市;抚顺市,天顺八年(1464 年)设,市址在抚顺城东,市易对象为女真各部,初为月市,后为民市;宽甸市,万历四年(1576 年)设,市址在宽甸县,市易对象为女真各部,为民市;瑷阳市,市址在凤城县;清河市,市址在开原后施家堡,均为万历四年(1576 年)设,市易对象为

▼辽东马市复原场景

女真各部，同属民市；义州木市，万历二十三年（1595 年）设，市址在大康堡、太平堡，市易对象为兀良哈三卫；广宁木市，市址在镇夷堡；锦州木市，市址在大福堡；宁远木市，市址前屯卫高台堡；辽阳木市，市址在长安堡，均设于万历末年，皆属民市，市易对象都为内喀尔喀五部。

在明朝政府的大力扶持下，辽东马市日益繁盛，逐步由单一的"马市"发展为综合市场。

三

明代东北马市没有正式的管理机构，一般由地方官员或一些专门的巡视大员临时代为管理，"初，外夷以马弩于边，命有司善价易之。至是来者众，故设二市，命千户答纳失里等主之（《明太宗实录》）"，但管理比较正规，也比较严格，"凡诸部互市，筑墙规市场"（《清史稿·清佳砮传》）。为了加强马市的管理，明朝规定女真人以敕书作为进入马市进行贸易的凭证，敕书是明朝给任命的女真酋长颁发的诰敕，即委任状。每当马市开放时，明朝管理马市的人员除了检查女真人的货物外，还要检查他们有无敕书，没有敕书或敕书所列人名不相合的不能入市交易。同时，各部首领能带多少人入市也有具体的规定，不得超过。东北马市开市时间依形势而定，需要则开，不需要则闭，开闭无常。

一般说来，开原马市每月一日至五日开市一次，广宁马市每月一日至五日、十六日至二十日开市两次。从明朝正统年间（1436—1449）起，辽东马市逐渐由官市向民市发展。随着民市贸易的迅速扩大，东北马市次数增多，规模扩大。来东北马市贸易的商人要向明朝缴纳市场税，由管理马市的官员负责"抽分"，《全辽志》中记载了马市抽分情况："儿马一匹银五钱，骟马一匹银六钱，骡马一匹银四钱，参一斤银五分，松子一斗银三分，木耳十斤银一分……计三十二种。"抚顺马市所征收的税，其中大部分由抚顺备御官作为抚夷公用，即抚赏朝贡和来马市交易的建州女真首领和部众。

东北马市设立以后，马市价格主要由明王朝确定，交易价格很不稳定。永乐三年（1405 年），兵部制定的互市价格是"上上等每马绢八匹、布十二匹，上等每马绢四匹、布六匹，中等每马绢三匹、布三匹"；"永乐四年（1406 年），

交
流
卷

▲女真族喜爱的饰物——鹘攫鹅纹玉带环

又定开平马市价，上上马一等绢五匹、布十匹，二等布十八匹，驹子布五匹"。永乐九年（1411年），定开原马市易例为："上上马一等绢五匹、布十匹；一等布十八匹；驹布五匹。"直到永乐十五年（1417年），规定"上上马一匹米五石、布绢各五匹；中马米三石、布绢各三匹；下马米二石、布绢各二匹；驹米一石、布二匹"。从此形成定制，以后再无多大变化。

万历四十六年（1618年），努尔哈赤以马市贸易为掩护攻陷了抚顺城堡。这标志以辽东马市为核心的明代东北马市最终结束。

明代辽东马市从永乐初年开设到明末，前后延续了200多年。明王朝从这些马市获得了大批急需的战马，巩固了北部边防，加强了明王朝同东北少数民族之间的联系，促进各民族的融合，巩固了多民族国家的统一。当时马市兴盛的景象，正德年间辽东巡抚李贡的《广宁马市观夷人交易》有所描写："累累椎髻捆载多，拗辕车声急如传。胡儿胡妇亦提携，异装异服徒惊眴。朝廷待夷旧有规，近城廿里开官廛。夷货既入华货随，译使相通作行眩。华得夷货更生殖，夷得华货即欢忻……"今天，虽然我们看不到广宁马市上交易的热闹情景，但是马市村的遗址还在讲述着那段岁月的故事。

清水营是易马场

——宁夏灵武明代清水营堡

　　清水营堡位于宁夏灵武市区东北约 40 公里处，是明代弘治年间巡抚王珣修建的一座屯兵城堡。城堡北临长城，东北依清水河，是万里长城 200 关之一。据《嘉靖宁夏新志》载，旧城一里，"弘治十三年（1500 年）都御史王珣拓之，为周二里。先是灵州备御西安左卫等官军一百二名员，轮流哨备。嘉靖八年（1529 年）巡抚、都御史翟鹏奏迁旗军五百一十名，置操守官一员、管

▼塞外宁夏的三关口草地

▲宁夏著名的名胜中卫高庙

队官五员、守堡官一员。十一年，总制尚书王琼又奏，改灵州参将并兵马驻扎于此"。明代清水营古堡，不但是总置三边官员军事议事中心，而且逐渐形成一处较大的牲畜交易市场。每逢市日，暗门内外马嘶驴叫，牛羊成群，此去彼来，这就是明代有名的"清水营马市"。今城在清水营村西二华里处，已废弃无人住。城堡砖石部分早被拆为民用，现仅存的夯土城墙，见证了明代延绥、宁夏、甘肃等西三边马市的历史。

一

明代与边疆地区的少数民族的经济贸易采取不同的方式，"东有马市，西有茶市"（《明史·食货志》）。茶市和马市虽然都是边市，但茶市"以茶易于番"，市易对象以"西番"为主，指由明政府与甘、青、藏、川、康地区的少数民族等进行的以茶叶换取马匹贸易；马市"以货市于边"，主要对象是"北虏"，是明政府以货币及茶叶以外的农业物资和手工业产品向蒙古族、女真族换取马匹的贸易。

洪武年间，明朝在对蒙古贵族实施军事打击的同时，又实行经济封锁政策。但那个时期出现了贡市贸易，蒙古贵族经常派遣使臣，带着马驼、皮货等方物向明廷朝贡，在沿途各镇与边民进行交易，沿途各镇还要给蒙古使臣提供食宿、车辆以及秣料等。如正统三年（1438年）七月，参赞宁夏军务右佥都御史金濂奏："宁夏四卫地临极边，岁有外夷朝贡及降附者经过……日用供给所费浩繁，请以近城公地及各屯余剩之地二十顷令军余播种，秋成别贮，以备给用。"（《明英宗实录》卷四十四）明朝与蒙古在北方边境的贸易交往始于明成祖永乐年间。据史书记载，永乐六年（1408年），敕谕甘肃都督何福道："凡回回、鞑靼来鬻马者，若三五百匹，止令鬻于甘州、凉州；如及千匹，则听于黄河迤西兰州、宁夏等处交易，勿令过河。"（《明太宗实录》卷七十七）从这时起，蒙汉之间的经济交往逐渐频繁。

嘉靖年间，蒙古地区畜牧业生产获得长足发展，同时也出现了"部落众多，食用不足"的问题。俺答汗多次向明廷提出开放贡市的请求。然而明廷仍然拒绝蒙古部落的要求。在这种情况下，俺答不断进犯明朝边境，并于嘉靖二十九年（1550年）酿成"庚戌之变"的惨祸。在兵临城下的压力下，明廷被迫开放对蒙古的马市，"诏给金十万易布币，开市五堡，渐及延（绥）、宁（夏）"（《四夷考·北虏考》）。嘉靖三十年（1551年），明廷在宁夏花马池开设马市。当年十二月，延、宁两镇市马5000余匹，但由于蒙古部落"分散为盗无虚日"，所以开市一年即诏罢马市。这时候西三边蒙汉贸易无固定时间和地点，随意性很大，并且贸易由官府控制，民间贸易受到严格禁止。

▼甘肃白银景泰县龟城，和清水营一样，也是明代设立在北地边境的一座重要军事城防

交
流
卷

二

隆庆五年（1571年），在俺答封贡的大背景下，北部各边镇陆续立市与蒙古部落进行商品交易。除辽东等地原有马市外，长城沿线九边各镇又开市11处。据史书记载，西三边（延绥、宁夏、甘肃）各镇马市设置情况如下：

延绥镇：红山墩市，隆庆五年（1571年）设，市址榆林城北，市易对象为俺答、吉能所部，属大市；黄甫川堡市、清水营堡市、木瓜园堡市、孤山堡市、神木堡市，均为万历十二年（1584年）设，市址皆在榆林卫境内，市易对象亦皆为俺答、吉能所部，都是小市。宁夏镇：清水营市，市址宁夏灵州所；中卫市，市址宁夏中卫；平虏卫市，市址宁夏平虏城，此三市均设于隆庆五年（1571年），均属同俺答、吉能所部互市的大市。甘肃镇：甘州市，市址甘肃甘州卫；凉州市，市址凉州卫；兰州市，市址兰州卫，皆自永乐年间（1403—1424）始设市场，与赤斤蒙古、鞑靼蒙古等部市易。洪水扁都口市，市址甘肃西宁路；高沟寨市，市址甘肃凉州卫；铧尖墩市，市址甘肃庄浪卫，分别设于隆庆五年（1571年）、万历六年（1578年）和万历三年（1575年），都是与把都儿等部互市的小市。

清水营马市是在1571年设立的，据《万历朔方新志》云："自隆庆五年（1571年）总督宣大王崇古奏允俺答部落乞通封贡，爰奉圣谟，七镇各照贡期互市。宁夏镇每岁秋开贡道三处：东路清水营夷厂抚河套黄台吉，西路中卫抚松山宾兔，平虏营抚丑气把都儿。嗣是酋首率部依期赴市。"

对明朝统治者而言，互市只是用以笼络蒙古、加强边备、巩固统治的一种手段。因此，西三边马市从开始就注意加强对蒙古各部的防范。隆庆五年（1571年）八月，总督陕西三边都御史戴才建议"修复宁夏清水营旧厂，开市之日列卒守之，以防不虞"。为了能更好地维持秩序，明廷"令各支虏酋各差一的当首领，统夷兵三百，驻扎边外"，同时要求戍边"各镇各令本路副参等官，各统本支精锐官兵五百，驻扎市场"（王崇古《确议封贡事宜疏》）。

三

为了管理互市，还在马市派遣了管理马政和经济事务的官员。万历十年（1583年）十二月，陕西总督高文建议："将灵州驻扎行太仆寺中路少卿郭汝经理清水营互市，兵粮道副使刘尧卿经理平虏、中卫互市。"（《明实录宁夏资料辑录》）这样，互市的管理制度日益完善起来。朝廷还规定了开市的时间，大体上在每年秋季进行，逾期不予入市。

明代西三市主要是官市，由政府支

▲元代反映世俗生活的石版画《骑马出行图》

出"市本"与蒙古部落进行交易，宁夏镇市马花费不菲。天启七年（1627年）二月，宁夏巡抚史永安说："本镇设平虏、中卫、清江三厂互市，每年额银四万七千二百两。"（《明实录宁夏资料辑录》）明政府的"市本"主要由管理马政的机构太仆寺发放。如隆庆五年（1571年），总督陕西右都御史戴才建议"发太仆寺马价银二万两，输之延、宁买马"，上皆从之（《明实录宁夏资料辑录》）。万历八年（1580年）发太仆寺马价银1.62万两；九年（1581年），明政府分别和2万两，以备互市支用。除了朝廷发放的"市本"之外，户部客饷银和兵部马价银也是市马的主要款项。据《万历朔方新志》称，宁夏互市的"市本""内发自京运者兵部马价银二万二千余两，户部客饷银一万两"。当这些资金不够时，朝廷还用括桩朋地亩银、商税盐课银等来进行补充。

但是宁夏镇马市购入的马匹数量不是很大，隆庆六年（1572年），宁夏官市易马牛1500余匹，商余易马骡600余匹。而同期中三边的宣府、大同、山西三镇互市成交马匹为7845匹，平均每镇2615匹。到万历元年（1573年）中，三边市马数量增加到为19103匹，万历二年（1574年）更是达到了27000余匹。但是宁夏"计开市逮万历十九年（1591年）易过虏马不啻数万"（吴忠礼《万历朔方新志》），这还是前后持续20余年的总成交量。主要原因在于明廷开设互市本来就是权宜之计，其主要目的在于"羁虏"，所以经济利益不是最主要的考量，尤其是要向蒙古统治者支出数量不小的"抚赏额"，所以花费虽然不少，但购置的马匹数量却非常有限。

清水营马市一直持续至明末。到了清初，由于横城处于宁盐大道和黄河水路的交汇处，又有水运之便，所以逐步取代了清水营马市的商贸活动。

清水营是明长城中的一所重要城堡，"马市"的开设使这里成为明代中期西北地区最北面十分重要的商贸场所。这些市场的先后设置和兴盛，使长城地带变成一条巨型的农耕与游牧经济、文化交往交流交融的纽带，长城不再是隔绝中原与边疆的屏障，而是具有连接性质的过渡地带，发挥了促进长城两边农、牧经济和文化一体化的功能。现在这些曾经在历史上发挥过重要作用的古堡，已经逐渐湮没于岁月的风尘之中，但是当我们抛却城市的喧嚣再次步入默默地伫立在北方原野上的古城堡时，脑海中却依然能浮现出昔日的刀光剑影和马嘶人声。

画马石崖在宜州

——广西宜州画马崖岩壁画

▼广西宜州画马崖上的壁画，有大量马的形象

在广西河池市宜州区怀远镇有一个古波村。村子后依群山、前临龙江，掩映在古树翠竹之中。在古波村附近的山崖上，近年来文物工作者发现了两处崖壁画，崖壁画用赭红色颜料绘成，当地人称为"画马崖"。两处画面上马的图像约有200余匹，形体大小不等，大的高约30厘米，小的高仅6厘米；还有少量的人物图像，头戴宽檐高帽，头上梳着两条辫子，身背弓箭状的武器，英姿飒爽地骑在马上，一副风尘仆仆的

样子。关于画马崖壁画的创作年代，史书缺乏记载。根据作画技法和风格来看，不是同一时期或同一个作者所绘。据历史文献记载，南宋时期，朝廷曾在"宜州买马"；明代建立以后，曾在这里设"庆远裕民司"，负责为朝廷买马。有人在画马崖壁画上，发现有"嘉靖三十年（1551 年）""万历十一年（1583年）"等年间的一些摩崖题记。那么这些壁画到底是何人在何时绘制的呢？

一

有学者认为，这些人物画像，应是当年自杞人赶马到宜州交易的写照。关于自杞国贩马的事，历史文献有不少记载，前文已经有所介绍，但主要说的是自杞人从大理贩马到横山寨。其实自杞人也曾经因为贩马到过宜州。

南宋时期，由于北方的大部分地区被金兵占领，从北方草原购买战马已没有可能，于是南宋王朝转向西南的大理国买马。滇黔交界的地方小国自杞、罗殿抓住这个机遇，到大理国买马，然后转卖给宋王朝，市马场就设在横山寨（今广西田东县）。据宋人周去非《岭外代答》记载："罗殿甚迩于邕，自杞实隔远焉。自杞人强悍，岁常以马假道于罗殿而来，罗殿难之，故数至争。然

▼图为广西宜州望妹石

自杞虽远于邕而迩于宜，特隔南丹州而已。绍兴三十一年（1161年），自杞与罗殿有争，乃由南丹径驱马直抵宜州城下。"从这段记载来看，自杞人贩马要经过罗殿而达横山寨，由于利益冲突，罗殿人就不让自杞人假道罗殿到横山寨。无奈之下，自杞人把目标转向宜州。

当时宜州官府将自杞人和马帮拒之城外，不与自杞人交易。自杞人料定宋王朝急需战马，故而并不急于离去，而是驻留在城外，"帅司为之量买三纲，与之约曰：'后不许此来'"（周去非《岭外代答》）。事后，有人将"宜州买马"之事报告朝廷，并认为在宜州买马比横山寨买马便宜，因为在宜州买了马匹可直接从桂林转运出广西，比在横山寨买马转运到邕州再出广西，要少一半路程，可以节约经费开支，所以朝廷就有了到宜州市马的决定。乾道九年（1173年）十二月"甲戌，遣使措置宜州市马。"（《宋史·孝宗纪二》）但是宜州马市刚开了一年就停止了，"淳熙元年（1174年）九月二十一日，诏住罢宜州买马"（周去非《岭外代答》）。主要原因是："先是，枢密院言知南丹州莫延葚乞自备钱粮于诸蕃招马，至宜州博卖。寻差李宗彦充广西提点纲马驿程，宜州驻扎，专一措置买马，仍令同宜州知通相度。既而宗彦等言于边防利害不便，及与邕州买马有妨。"（《宋会要辑稿》）从绍兴三十一年（1161年）自杞人宜州买马，到淳熙元年（1174年）罢马市，宜州的马市存在了13年。当时的市马场很可能就设在地势平坦、有草有水的古波。在宜州长年市马的自杞人，就在放马的空闲时间，在崖壁上留下这么多马和人的画像。

二

明朝建立后，蒙古势力退到塞北，但仍维持着较为强大的军事势力，不断南下威胁明朝的统治，所以明太祖朱元璋"南征北讨，兵力有余，唯以马为急，故分遣射臣以财货于四夷市马"（王世贞《市马考》）。但当时朝廷无法从北方草原地区得到马匹，只能从西北及西南地区购买。在洪武年间，明廷先后在西部边境设立了为数极少的市马机构，据《明史·职官志》记载："洪武中，置洮州、秦州、河州三茶马司……又洪武中，置四川永宁茶马司，后革，复置雅州碉门茶马司。又于广西置庆远裕民司，洪武七年（1374年）置，设大使一人，从八品，副使一人，正九品。市八番溪洞之马，后亦革。"庆远

▲画马崖上的马，手法写真，形象生动

裕民司就设在宋代的宜州，明代改名为庆远府，这是设立在广西唯一的买马机构。因为其他地方有茶或者盐，所以叫作茶马司或者盐马司。而庆远府乃至广西以银买马，故名庆远裕民司。

设置庆远裕民司之后，明廷从这里购买的战马不多。据《明实录》记载，洪武九年（1376年）十二月，兵部奏市马之数，秦州、河州茶马司只买到171匹马，而庆远裕民司买到了294匹马，位于贵州的顺龙盐马司买到了403匹马。从这些数据可以看出，明朝刚开始的时候，在西南购马的数量远远超过在西北购马的数量。而且当时朝廷市马的数量非常有限，如洪武十一年（1378年）十一月，兵部奏市马之数："秦、河二州及庆远、顺龙茶盐马司所易马六百八十六匹。"但是到了洪武十二年（1379年）十二月，西北购马的数量大大增加，"秦、河二州茶马司以茶市马一千六百九十一匹"，而"庆远裕民司以银盐市马一百九十二匹"；以后一直维持这个数量，洪武十四年（1381年）十二月，"庆远裕民司以银盐易一百八十一匹"。正因为这里市马的数量不大，所以管理市马的官员品阶也低，如洪武二十五年（1392年）十一月，"（定）中外文武百司职名品阶勋禄之制：庆远裕民司大使、副使未入流，不给禄"，就是低于从九品，也没有俸禄。到洪武二十六年（1393年）十一月，朝廷取消了庆远裕民司。庆远裕民司从洪武七年（1374年）设置，到洪武二十六年（1393年）革除，存在了19年，共为朝廷买马1000匹。

三

　　明代设置庆远裕民司的思恩县就在今天的环江县，古波村就在环江县和宜州交界的怀远镇。据有关史料记载，怀远古镇历史悠久。汉武帝元鼎六年（前111年），平南越置定周县（今宜州市），今怀远属定周。唐朝天宝年间，在今宜州境内置有羁縻琳州，辖域包括今怀远镇、德胜镇等。据《元丰九域志》记载："羁縻琳州辖多梅、古阳、多奉、哥良四县。"古阳县就在今怀远境内，为州治。宋神宗熙宁八年（1075年）二月，废古阳县并入龙水县（今宜州市），置怀远寨。自此，开始使用"怀远"这一称谓，距今900多年。明朝初设怀远镇土巡检司，后废，置怀远堡，为军事防守点。

　　同时，明代在怀远镇设有怀远铺。宋代称驿站为"铺"，元明清因之。古波村在怀远镇东北5公里处，正是宜州通往怀远镇的驿道上，在古波村前立有"将军箭"（指路碑），上面刻着"左走宜山"，即可证明。从宜州县城西北三里的龙江上渡口过河，上驿道西行经坝头、叶洞、冲英而到古波，路程15公里。明代宜州到贵州的驿道多从怀远西北行，经安马到思恩（今环江县），达荔波而入贵州，古波正处在其驿道上；如往西则经过德胜到河池、南丹，而入贵州，古波正处在三岔道口上，而且怀远位于龙江河与中洲河交汇处。《宜山县志》上说："怀远当龙江、小河交会，为粤、黔商贾都会……盖地据形胜，百货所聚也。"龙江河和中洲河贯穿贵州、广西和广东，地处黔桂

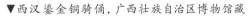

▼西汉鎏金铜骑俑，广西壮族自治区博物馆藏

交通要道，水路交通便利，使怀远成为人来人往的商品集散地。后来怀远驿铺被裁撤之后，当地村民就在废址上建村，就叫"古铺"，久之，"铺"便讹变成"波"。

当时朝廷市马场可能就在古波，这里离宜州城不远，村前一片平川，方圆 10 余平方公里，三面环山，北临龙江，水草丰茂，有一条小河即发源于村东头。河水长年不断，是屯马的天然牧场。可能当时管理市马的人员在牧马时，发现崖壁上有自杞人刻画的马图案，就继续在这里进行了创作。后来当地的文人或者官员看到这些崖壁画，就留下了"嘉靖三十年（1551 年）""万历十一年（1583 年）"等题款。正因为如此，画马崖就留下了 200 多匹创作风格和作画技法不同的马的形象。

不管是南宋在这里开辟马市，还是明代设置"裕民司"，因为马的交易，宜州这个西南边疆著名城镇和中原王朝有了千丝万缕的联系。在古波村的山崖上出现的以马为主题的壁画，是中原与边疆政治、经济、文化交流的见证。这些朱砂绘就的战马历经风霜依旧鲜红如初，栩栩如生。看到这些不同形态的马，我们的耳边仿佛传来嗒嗒马蹄声和萧萧马鸣，那些湮没在历史长河中的故事便逐渐显现出来，引发我们对往昔无尽的遐思。

皇家马厂太仆寺

——内蒙古自治区太仆寺旗

　　内蒙古自治区锡林郭勒盟太仆寺旗的贡宝拉格草原，是唯一汇集内蒙古九大类型草原的地区，也是中国北方草原最华丽、最壮美的地段，素有"天堂草原"之美称。夏天，这里绿草如海，畜群如云，毡包如扣，河曲流银；秋天，这里呈现出"紫菊花开香满衣，地椒生处乳羊肥"的草原风光。据史料记载，贡宝拉格草原曾是清朝皇室的御马厂太仆寺所在地。开创康乾盛世的康

▼河北张家口赤城县西北冰山梁的独石口为长城南北的交通要口，是明代抵御漠北的雄关之一

▲图片从左到右依次为清治年间宫廷机构宗人府左司印、宗人府右司印和宗人府经历司印

熙皇帝，选中的正是水草丰美的贡宝拉格草原，专为皇宫提供驭马和肉食等畜产品。清朝在北方边塞建有众多的官办牧场，放养大量的马、驼、牛、羊等各类牲畜，太仆寺官马厂是其中的典型代表。

　　崇祯十七年（1644 年），满洲八旗军闯进山海关，攻城略地，入主中原。入关前的后金统治者主要靠畜养、俘获、贡献等途径，解决马匹的来源，其时已经有了马厂。入关后不久的顺治元年（1644 年），清廷在张家口外设置种马厂，于陕西省设立苑马寺，为军队牧养或提供马匹，隶属于兵部的武库司。后来又设立了太仆寺牧场、皇室牧场（上驷院牧场）、八旗牧场和绿营牧场 4 大类马厂。由朝廷开办的太仆寺牧场和由内务府开办的上驷院牧场属于中央牧场，八旗牧场和绿营牧场属于地方开办的军牧场。

　　"太仆寺马厂"是康熙十二年（1673 年）由大库口外种马厂改名而来。太仆寺所属边外牧场有太仆寺左翼和太仆寺右翼两牧群（场）。太仆寺左翼马厂在张家口东北 140 里喀喇尼墩井（今内蒙古自治区锡林郭勒盟太仆寺旗南部），右翼马厂原在张家口西北 310 里齐齐尔汉河（今内蒙古自治区乌兰察布丰镇市北）。乾隆初年，左翼马厂面积约 6500 平方公里，右翼马厂面积约 9750 平方公里；乾隆中叶，右翼马厂东移，分为骒、骟两马厂。以后骒马厂再次东移，嘉庆年间，骒马厂在独石口外商都河南，今内蒙古自治区锡林郭勒盟正蓝旗南部；骟马厂在张家口外布尔噶苏台河西北，今河北安固里淖西北。左翼马厂面积约 3400 平方公里，右翼骒马厂约 9600 平方公里，骟马厂约 3500 平方公里。

　　太仆寺主要承办均齐赏罚等事宜，最高长官为卿，由两人担任，满、汉各一人，均为从三品官。副长官为少卿，也设满、汉各一人，均为正四品官。其职能主要是掌所属边外的两翼牧马厂之政令，负责对牧场马匹课其孳息，戒其训习。每过三载，由满卿、少卿各一人莅临马厂阅马，届时清点其数，均分马群，称之为"均齐"，之后报于兵部查核。凡遇皇帝巡幸之时，卿与少卿还要随扈管理车驾马驼等事。

二

太仆寺设立以后，清廷制定了牧马的数量，如雍正三年（1725年），清廷定"在厂之马以四万匹为止"；乾隆三十一年（1766年），额定"每群不得过四百匹之数"。根据管理制度，通常两翼、各旗马群群数相同，骗马、骒马群马匹各自大致相等。这些马匹一年四季"常川牧放"，两翼马厂各有定界，"彼此不得侵越"。据学者陈安丽研究，太仆寺马匹的来源主要靠马厂牧养孳生。此外，马的来源还有这几个：

第一个来源是买"补口马"。当皇家马厂的马缺额过多时，就从蒙古各部买马补充。如嘉庆年间右翼马厂一带接连遭灾，以致骒马倒毙，孳生短少，亏缺甚多。于是，嘉庆十四年（1809年）"买补马二千九百八十一匹"，嘉庆十八年（1813年）"买补骗马一千匹"，"买补骒马五千匹"。买马用的钱款都是借用口北道库贮闲款、库贮右翼马厂开垦租银、存贮庆丰司生息银等。这些银两要从马厂官兵俸饷内逐年扣还，因此也可以说是赔补。

第二个来源是蒙古各部的"捐输马"。清廷需要马匹的时候，蒙古王公台吉等捐送好马，清廷据数予以记录，然后在这里牧养。如咸丰七年（1857年），上驷院所属商都

▼内蒙古太仆寺旗的奇观——石条山，这一带有着丰饶的牧场

和太仆寺各马厂所收各札萨克捐输马，除了朝廷调用一部分外，实存新捐输马2398匹。

第三个来源是八旗"牧青马"。京师八旗官马除留京若干外，其余按照惯例在每年四月至八月出口到八旗马厂牧放，这叫作牧青马。自乾隆二十八年（1763年）起交察哈尔官兵管理马厂牧放马匹，规定倒毙多者要赔。咸丰元年（1851年）由于察哈尔八旗官兵重受赔马之累，奕䜣下谕将八旗牧青马"准其分归商都、两翼太仆寺骟马群内牧放"。

第四个来源是朝廷的"拨补马"。同治元年（1862年），由于太仆寺马厂内骟马和捐输马不多，兵部议定对察哈尔都统所辖太仆寺左右翼马厂、上驷院、商都、达布逊诺尔和达里冈爱马厂274群骒马群"拟于本年先拨给骒马五百匹，带马驹五百匹"，同治二年至六年，"每年专拨骒马二百匹"，对缺失的马匹予以补充。

第五个来源是蒙古王公台吉"贡马"。朝廷将蒙古王公台吉贡马交太仆寺马厂放牧，在同治、光绪年间屡有发生。如同治十二年（1873年），将卓索图、昭乌达两盟的贡马2000匹，由大凌河马厂"改归商都、太仆寺等群牧放"。

▼奔驰在内蒙古草原上的骏马

这些马匹虽然不是太仆寺马厂马匹的主要来源，但是这些不同地域、不同品种马匹的到来，为马厂马种的杂交和改良发挥了重要的作用，在某种程度上避免了马种近亲繁殖引起的退化。

三

太仆寺左右翼马厂的主要任务是繁殖和训练马匹，以备朝廷军用和差用。骒马群兵丁经管马匹孳生，以备补耗和骟过分出；骟马群兵丁主要是训练马匹，使马匹纯熟堪骑，以备朝廷征战或围猎时调用。太仆寺马厂设立后，逐步形成了一整套制度，主要有以下方面：

▲图为顺治帝半身朝服像。顺治元年（1644年）张家口外设置有种马厂

首先是分群制度，即马厂内骒、骟马分群牧养。骒马群以骒马五配儿马一，三岁以下马驹随群牧养。骒马所生马驹三岁时即割势（骟割）后拨入骟马群。

其次是巡察制度，即两翼副管以下的防御、骁骑校、护军校、护军各在本翼本旗牧地轮流巡察。有盗窃、私卖、私与人骑厂马和擅垦牧地者，均拿报。查拿多者，官记录兵记名。失职者，官罚俸三月，护军鞭四十。

第三是均齐制度，即每三年对两翼各牧群马匹平均划一，并对官兵赏罚一次。骒马群每三匹马三年要孳生出马驹一匹。在应孳生的额数之外，多孳生者给予奖赏；额数内少孳生、未孳生且在原给之数内缺少者给予处罚。骟马群把马分为十分，一年准倒毙一分，根据训习生熟和倒毙多寡定赏议罚。

清代太仆寺马厂超过了明代苑监官牧的最大规模，最盛时骒马有一百六十群36512匹；骟马有三十二群10712匹。太仆寺两翼马厂建立以来，通过孳生、牧放、提供了大量马匹。太仆寺马厂马匹主要有两个去向：一是调给拱卫京师的八旗各营，二是拨给清帝行围扈从官兵。木兰行围用马，常例调用直隶绿营喂养的八旗官马，不足则轮班调拨太仆寺和上驷院所属马厂马匹。乾隆四十八年（1783年），弘历巡幸热河，一次即调太仆寺厂马4000匹。有时还拨给绿营官兵骑用。在清朝的统一战争中，太仆寺马厂则源源不断地为八旗官兵提供了战马；同时太仆寺马厂位于水草丰美的张家口、独石口外，马匹采用"常川牧放"，为清朝节约了巨额草料开支，减轻了清朝的经济负担。太仆寺等马厂的存在，减少了内地大多数地区汉族人民直接养马的苦累。

在独石口至张家口之外水草丰茂的草原上，大量的优良马匹自在觅食、自由驰骋，不仅为清廷提供了大量的战马，而且优化了马之品种。太仆寺左右翼两个大牧群，随着时光的流逝也发生了巨大的变化。光绪三十二年（1906年），清廷改革官制，太仆寺被裁撤，历经260余年，其所掌事务并入了由兵部改组成的陆军部。太仆寺右翼牧群后来改置为太仆寺右旗。中华人民共和国成立后，1950年该旗与原明安牧群合并，设置了明安太右联合旗。1956年，明安太右联合旗撤销，其行政区域分别划归正蓝旗和正镶白旗。太仆寺左翼牧群后来改置为太仆寺左旗，1956年，该旗与原宝昌县的大部分地区合并，其旗名亦改成了今天的太仆寺旗。虽然太仆寺完成了其作为皇家马厂的历史使命，但是直到今天，太仆寺作为一个有着丰富文化内涵的地名，仍然铭记着那段牧马奔腾的岁月；贡宝拉格草原上的牧歌，还在讲述着那段辉煌的历史。

故宫马队上驷院

——北京故宫上驷院衙门

在北京故宫紫禁城东路、南三所以南偏西侧，有一座坐东朝西的建筑，背面正对南三所前的影壁，该建筑就是清代上驷院衙门。在《乾隆京城全图》中，上驷院衙门以南、传心殿以北、三座门内西侧上标为"马圈"的地方原有御马厩，专门饲养"御马"。到中华人民共和国成立时，该区域建筑已经倒塌。2013 年 9 月 3 日，故宫博物院主持修复了上驷院车房。据史料记载，上驷院

▼上驷院衙门就设在故宫里

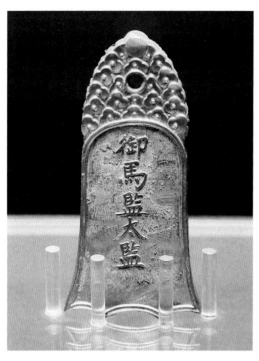

▲上驷院原名御马监，是清朝沿用明代之制。
图为海淀博物馆藏明代御马监太监腰牌

署初名御马监，顺治十八年（1661年）置阿敦衙门，康熙十六年（1677年）改名上驷院，是清代掌群马之政的官署，除了管理分设紫禁城外的18厩之外，还管理分处大凌河、达里冈爱、商都达布逊诺尔等地的上驷院御马场。

一

清朝是以满洲贵族为主体的封建王朝。满族是擅长骑射的民族，视骑射为"满洲本业"。清太宗在告诫八旗子弟时曾说过，"若废骑射，宽衣大袖，待他人割肉而后食"，是忘本亡国的行为；清王朝主要的交通工具是骡马、驼，不仅八旗兵要靠马匹驰骋战场，"皇上出警入烨，内庭备用什物……装载冠袍带履"，无不需要马匹完成骑乘和运载任务。为此，清朝还专门设立了一个机构叫上驷院。

上驷院在清初原名御马监，属沿用明代之制。顺治十年（1653年）六月，顺治帝以内务府事务繁多、须分设机构办理为由，下令创立十三衙门。其中的御马监，便是上驷院的前身。顺治十八年（1661年），上驷院更名为阿敦衙门，至康熙十六年（1677年）始用上驷院之名，隶属于内务府。

上驷院衙署初设在东华门内三座门之西，后迁至左翼门外，临近箭亭、御茶膳房、南三所等处所，这些地方都是皇帝及其子弟经常出入的要地。内务府及其所属七司三院，除上驷院外，其他衙署如奉宸苑、武备院大都设在紫禁城外。从上驷院衙署所处的地理位置上看，既便于皇帝用马，也为大臣们朝觐及上驷院员役进宫提供了方便。上驷院官员品秩高、地位崇，例定为正三品衙门，官阶与通政使司、大理寺、太常寺等衙门同；所属牧场总管，亦均由各旗驻防将军、都统、副都统兼任，官员的体禄、养廉、公费、盘费等待遇及住房等都与一般中央机关相同，按规定由户工部办理。

清朝统治者将上驷院置于重要位置，主要是因为上驷院与皇帝的举止紧密相关。如乾隆曾多次到曲阜"谒圣"，每次上驷院都要为他准备马匹及所需什物，并派出官员、跟役数百人跟随；康熙在热河设立围场，经常带领蒙古王公行猎，上驷院每年均派员役、随从皇帝前往；清朝统治者每年都要到祖上陵寝及天坛、地坛、先农坛等处举行盛大的祭祖、祭天地、祈谷等活动，上驷院也要在祭祀之先备好所需交通、仪仗专用马匹等。此外，皇帝升殿、阅武楼阅兵，内庭后妃前往畅春园、圆明园等处，太监随驾进宫，公主、阿哥婚娶赏马等所需马匹，俱由上驷院备用。

二

上驷院内设机构分为左、右二司，于康熙三十年（1691年）设立。

左司设郎中1员，员外郎2员，主事、委署主事各1员，下辖御用良马馆、走马馆、小马馆等11个马馆，主掌查验所管马匹、骆驼饲养孳生。上驷院在北京紫禁城内外和南苑设"御马驼厂"，养马700余匹、骆驼100余峰，设置地域由近及远分别为御马厩、副马厩、仗马厩、花马厩等"禁城4厩"，东华门外骟马厩、西华门外骟马厩、西华门外小马厩、东华门外公马厩、西华门外公马厩等"城内5厩"和位于京西、南苑的"京郊8厩"。

清初在独石口外设立的直属于上驷院的御马场，分处大凌河、达里冈爱、商都达布逊诺尔等地。大凌河牧厂的故址位于今辽宁省锦州市北部，"东至右屯卫，西至鸭子厂，南至海，北至黄山"。顺治八年（1651年）设有牛、羊各10群，康熙八年（1669年）置马群，乾隆二年（1737年）有马达32群，乾隆十二年（1747年）计有骟马36群，19700匹。达里冈爱牧厂位于察哈尔北部的独石口外内蒙古锡林郭勒盟与蒙古国车臣汗部、土谢图汗部之间，设立于康熙三十九年（1700年）初，最初设骟马3群及驼1群，又移上都牧场骟驼5群于达里冈爱牧场放牧。上都达布逊诺儿牧厂，因曾隶御马监，又称御马厂，俗称大马群，设立于顺治年间，坐落在独石口外之北，东至多伦诺尔厅，西迄察哈尔镶黄旗界，南至独石口界。这些牧厂为皇室提供了大量畜群，康熙皇帝曾说："牧厂唯口外为最善，今口外马厂孳生已及十万，牛有六万，羊至二十万……前巡行塞外时，见牲畜弥满山谷间，历行八日，犹络绎不绝。"（《清康熙朝实录》）到乾隆五十年（1785年），上驷院所属官马场增长到40多万匹，鼎盛一时。

上驷院所属牧场放养的马种，甚为优良，善于驰骋，为清朝的军事活动提供了大量的战马。除此之外，牧场定时或不定时地向屯垦区提供耕畜、驮畜，向各省区和各边地驿站解送马匹，向各贵族、各官员供应舆仗等项所用马匹，向朝廷和各级官衙提供运资转饷的驼、马、骡。

三

上驷院马匹的主要来源是蒙古王公及僧俗喇嘛的贡马和茶马交易，以及从蒙古乌梁海部等边疆各马群中调拨和挑选马匹。

首先是蒙古各部王公贵族进献给皇帝的贡马。清太宗时期，规定喀尔喀各部每年要向清朝进贡"白驼一，白马八"。顺治以后，喀尔喀蒙古各部王公每年贡使络绎不绝。如嘉庆七年（1802年），喀尔喀蒙古王公因得知朝廷缺马，一次即进呈八千匹良马。在平定新疆厄鲁特及青海和硕特的叛乱之后，

▼《内务府全宗》"上驷院类"档案有很多是有关马厂的公文。图为清代公文封套

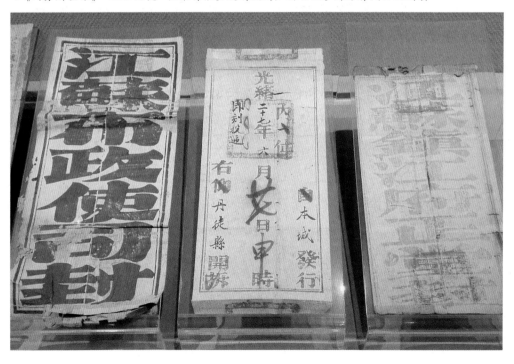

清政府与这两部也先后建立了朝贡关系，增加了马匹的来源。此外，"归化城两旗蒙古岁贡马，喀尔喀哲卜尊丹巴胡图克图岁贡驼马，陕西岷州卫二十四寺番僧岁贡马"《清朝通典》。这些马匹均由理藩院咨送上驷院各厩牧养。

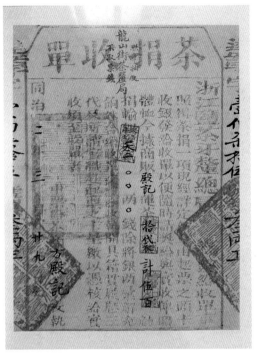

▲清代的茶捐收单，安徽谢裕大茶叶博物馆藏

其次是通过"茶马互市"获取"番地"的马匹。顺治年间，政府制定了茶马互市政策和措施，开展了大规模的茶马互市。根据中国第一历史档案馆藏清初茶马御史廖攀龙、王道新、吴达的奏报统计，顺治三年（1646 年）至顺治九年（1652 年）甘肃五茶马司的茶马贸易情况为：顺治三年（1646 年），发茶引 130 余道，中马 1320 匹；顺治四年（1647 年），发茶引增至 228 道，中马 32 次，共 1204 匹；顺治七年（1650 年），中马 2319 匹；顺治八年（1651 年），中马 1791 匹；顺治九年（1652 年），中马 3079 匹。茶马互市为官牧场提供了大量的马匹。

除了进贡与贸易外，清廷还从蒙古乌梁海部马群调拨。如乾隆十九年（1754 年）九月，清廷将乌梁海地方牧养的马 1001 匹，拨往商都达布逊诺尔立群。两年后，清廷又下令由乌梁海拨给商都牧场孳生骒马三群，以补充上驷院所需马匹之不足。

清朝政府通过御马场对马匹的牧养、调拨及交换，不仅加强了与蒙古族等边疆各民族的交往，促进了内地与边疆地区的经济、文化交流，而且开辟了马匹的来源，增加了马匹的品种。当时的官牧场有朝鲜马、蒙古马、俄国哥萨克马和东北建州马、西北西宁马、宁夏马、洮州马、甘州马等，这些马在同一个牧场牧养，实现了马种的杂交，提高了马种的品质。现在坝上草原的张北马就是这种杂交马的后裔，其毛色以栗、骝、黑色为主。体型健美，颈较厚，蹄质坚实，眼大有神，耳直立，结构匀称、紧凑，体幅宽度适宜，鬐甲明显，性情温顺而有悍威，挽重能力强，故为我国良种马之一。

宣统三年（1911年），辛亥革命爆发，清帝逊位。根据《优待条例》，内务府及其下属机构仍继续保留，一直延续到民国十三年（1924年），清逊帝溥仪被国民军冯玉祥部驱逐出宫，为清朝宫廷服务的内务府及其下属机构上驷院，才彻底结束历史使命。虽然故宫博物院修复了其中的车房等，但是其马厩多已不存。现在还有70000余件（册）《内务府全宗》"上驷院类"档案，完整地保存在中国第一历史档案馆。这些从康熙十一年（1672年）到宣统三年（1911年）用满汉两种文字记录的珍贵史料，还等待着后人去探索这个皇家马队的历史。

绿营牧场巴里坤

——清代新疆巴里坤绿营兵城

自古以来，巴里坤就是名马产地，据《后汉书·西域传》记载，蒲类国"出好马"。位于新疆维吾尔自治区巴里坤哈萨克自治县城的清代巴里坤绿营兵城被当地人称为汉城，为雍正九年（1731年）宁远大将军岳钟琪率师为平定准噶尔叛乱而筑。城为长方形，东西长1553.5米，南北宽788.7米。城墙夯筑而成，夯层厚约11厘米，高6.8米，顶宽4米，底宽6米。上筑女儿墙，

▼巴里坤绿营兵城

交流卷

高 0.5 米、宽 0.6 米，设有墙垛。清康熙、雍正、乾隆时期，为统一全国，讨伐叛乱，清廷在巴里坤兴办各种官牧场，繁殖牲畜。雍正十三年（1735 年），巴里坤的昭莫多、呼乔尔台、沙山子等处就有驻兵屯牧；乾隆二十三年（1758 年）调进军马 3 万匹；乾隆二十六年（1761 年）正式命名巴里坤马场，绿营兵城就是巴里坤诸马场的管理枢纽。

—

清朝的兴起是倚靠它强大的八旗军力。到了清朝入关后，虽然八旗军人数达 20 万人，但兵力仍远远不足。为了加强对领土的有效统治，清政府招降明军、招募汉人组织军队，以绿旗为标志，以营为单位，所以称为"绿营兵"，独立于八旗军。在清朝初年，大多为汉人的绿营军的职责还只是镇守疆土，但随着八旗的腐化，绿营的重要性就日益加强。在三藩之乱中，清军就是以绿营为骨干，先后派遣了 40 余万绿营兵作战。乾隆、嘉庆两朝，绿营总兵力达 60 余万人，成为军事主力。

▼冬季的巴里坤草原

为了给绿营马兵提供战马，清朝还于乾隆元年（1736 年）成立了绿营牧场。起因是雍正十二年（1734 年）清廷向西北用兵时，军马缺少，调解艰难，署理陕甘总督兼办军务的吏部尚书刘于义向皇帝奏称：陕甘为边疆军事要地，所需战马甚多，往日多由归化城及其他内地解送，长途供应，既靡费"钱粮"，又贻误时日，流弊颇多，宜就地设立牧场，以裕国防。雍正帝批准了刘于义的请求，在 4 个军事重镇各设牧场 1 处。两年后，便在甘州大草滩、凉州黄羊川、西宁摆羊戎、肃州花海子湃带湖建起了最早的绿营牧场。10 年后，又于甘肃安西提督牧地建绿营牧场 1 个。

▲巴里坤绿营兵城为岳钟琪所筑。图为岳钟琪画像

为了加强对新疆地区的统治，乾隆皇帝认为"设牧场，孳生牲只，方为久远之计"（《清乾隆朝实录》）。乾隆二十五年（1760 年）首先在乌鲁木齐、伊犁创办牧场。开始的一部分马匹、牛羊就是从察哈尔一带的太仆寺牧场解送来的，分马、牛、羊、驼四个分场。翌年，又在巴里坤设立官马场，以养马为主。巴里坤牧场因多年生殖繁育，马匹的数量急骤增加。乾隆三十三年（1768 年）时，场马增至 5280 匹，再加上木垒河山窄草少，水源较缺，冬季冻冰，马无水而饮。但北庭古堡一带的水源，虽至隆冬腊月，永不结冰。于是将巴里坤牧场分成东、西两场牧场，东牧场仍在巴里坤，西牧场设在北庭古堡。几年后，新生马多达 8400 余匹，水草仍不敷使用，而济木萨草场广阔、水源充足、牧草丰富。由于当时济木萨有以上许多优越的牧放条件，又于乾隆四十年（1775 年）设官马场于济木萨和玛纳斯两地。

二

巴里坤牧场的中心任务是向清军输送马匹。据文献记载："（乾隆）五十一年（1786年）定巴里坤牧场内骟马除拨补巴里坤镇属各营及哈密厅差马，与屯田台站留用外，多余马匹尽数拨送内地各营，以备补额。"

据清朝《钦定兵部处分则例》记载，绿营牧场马要求在3年内，每3匹马须孳生1匹。在此定额之外，多增加1匹以上80匹以下的给三等奖，牧长加官1级，牧副纪录2次，每兵赏银1两；多孳生80匹至160匹者为二等奖，牧长加官2级，牧副加官1级，每官各赏银2两；多孳生160匹以上者为一等奖，牧长、牧副皆按所加级别补授实职，每名牧兵赏银3两。若不足定额，少孳生20匹以下者，罚牧长5匹马，责打牧副40杖；少孳生21匹至40匹者，罚牧长马7匹，杖责牧副50杖；少孳生41匹至80匹者，罚牧长马9匹，杖责牧副60杖。《钦定兵部处分则例》还规定：统辖五群马的游击、都司、守备各官如五群全赏，各加进二级。五群全罚者，俱革职。

巴里坤绿营牧场效法游牧部落，每百匹为一群，每群除牧长、牧副外用牧兵20人，轮流放牧，每逢春季，牧马郊外，名曰"抢青"。五月天热，驱放南山，以避蚊蠓叮咬和炎热，名曰"夏窝"。至秋季仍驱赶出山，散牧农田，名曰"抢茬"。小雪以后驱牧北沙漠向阳处取暖，以避风雪，名曰"冬窝"。每次均齐检核，按马之口齿优劣，将马分为四等。一二等者，留场候拨，以充军马，操练巡防；三四等者，调拨民间，以充耕运。每匹马估价值银四五两，价银交公，作为死马补偿或公用。如因不慎疫气传染，则采取隔离，用以防止其滋累蔓延称为"善牧"。为防止马匹丢失混淆、难以辨认，也仿效蒙哈游牧民族之法，马匹成年之后，用印烙马身，别于它群之马。

三

巴里坤官马场，初建之际，经营有方，管理甚严，效益较好。到嘉庆十年（1805年），牧场养马增加到31359匹（不包括拨往军营之数）。不久，连古城、济木萨两牧场也出现了"因马多场窄，急于疏通"的状况，巴里坤牧场的"二万三千余匹之马，俱属膘壮"。咸丰年间（1851—1861）均齐在册的巴里坤各场共有马三万六千余匹。至同治初年以后，清廷对马场管理逐渐松懈，

▲图为清末旅顺练兵场的情景

均齐校阅，流于形式，场员亏空，贪污盗窃之风盛行。

　　光绪二年（1876 年），刘锦棠率兵平定北疆。光绪十年（1884 年），新疆建行省。为适应边防运输和屯田需要，又将巴里坤马场首先恢复，那时尚有马 4528 匹。东马场的五群马每群设牧长一人、牧副一人，牧兵十四人，以左营游击领导。准备在古城复设西场牧放，因古城遭兵燹巨残，四野荒凉，草场凋枯，无法设场，所以光绪十四年（1888 年）分来的马五群 500 匹，只好移牧于济木萨。其牧放地有叶家湖、马营台（二工河）、小拴湖、四厂湖、五厂湖，每群设牧长、牧副各一人，牧兵八人，其他组织管理机构与东场相同，隶属后路巡防步队第一营兼管，马匹繁殖到 832 匹。

　　光绪十八年（1892 年），巡抚陶模奏请由巴里坤东场又拨马 500 匹，解交济木萨营派兵牧放。自光绪十八年（1892 年）八月十四日至廿四年八月十三日，两次限满，办理均齐，济木萨马场实有大小厩马 767 匹。

　　在咸丰以后，官牧场的奖惩等考核制度、章程也不严格遵守和执行了，场务的好坏皆显得无关紧要了。至光绪末年，巴里坤马场跟其他绿营马场一样管理失严,"总督则遇事因循,不思振作,提、镇则因分场愈多,责成愈重,而不欲增辟新场,他们每到了马多场窄的时候,都不遵守旧例分场另牧,仅仅把过剩的场马挑变,以维持现状……但结果只能维持原状的形式,对原状的实质却维持不了",许多牧场官员大肆贪污,场内员兵舞弊丛生,使得马匹越来越少,最后被废除。

巴里坤马场与设于甘青新的其他绿营马场一样,为发展边疆经济、缩短军需供给线、增加戍防之物质力量做出过重要贡献,对清朝在西北军事活动曾予以有力的支援,对收复、统一和治理新疆产生过积极的影响,成为清朝军马尤其是边马供应的重要来源地。到了晚清,西方的军事装备、军事技术及其有关的新式交通运输器具的输入,使清政府对官马场尤其是军马场的重视程度逐渐减弱,巴里坤马场与其他的绿营马场都逐步退出了历史的舞台。但是巴里坤绿营兵城曾经见证过这个牧场的辉煌,现在还在为人们讲述着巴里坤草原万马奔腾的那段历史。

庄浪茶马互市碑

——甘肃省永登县清代《重修庄浪茶马厅衙府碑记》

兰州之西的古城永登，是河西门户、丝路要冲。早在顺治二年（1645年），清朝就将陕西五巡视茶马御史司中的庄浪司设在这里。乾隆十八年（1753年），清政府又设庄浪茶马理番同知，管辖武威、平番、古浪县所属的"藏民茶马贸易事"。关于永登茶马贸易的情况，咸丰元年（1851年）起担任庄浪茶马同知的满人裕文撰写的《重修庄浪茶马厅衙府碑记》有详细的记载。其所撰《庄浪属署题名碑记》，碑文记述了庄浪茶马厅的历史沿革，边界四至，并将自顺治元年（1644年）起77任同知名衔一一罗列。这些碑文不仅是研究清代永登政治、经济的重要史料，更是研究永登马文化交流的重要史料。

——

清顺治元年（1644年），清朝入关后，为统一全国的战争仍在激烈进行，对军马所需甚急，且数量较多，加之在察哈尔和西北各地的养马牧场还没建立，所以清初主要通过茶马贸易的形式来获取急需的军马。

清朝初年，由于战事需要，沿袭明制恢复茶马互市，建立了一整套课茶、中茶、易马制度。首先是因袭明代茶叶政策，"明时茶法有三：曰官茶，储边易马；曰商茶，给引征课；曰贡茶，则上用也。清因之。于陕、甘易番马。他省则召商发引纳课，间有商人赴部领销者，亦有小贩领于本籍州县者。"（《清史稿·食货志》）为了管理茶马贸易，清廷在近边地区设置专门的管理机构，"陕西设巡视茶马御史五：西宁司驻西宁，洮州司驻岷州，河州司驻河州，庄浪司驻平番，甘州司驻兰州"。（《清史稿·食货志》）设置有茶马御史，管辖

交流卷

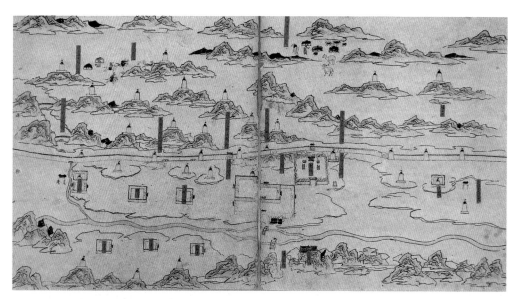

▲明嘉靖、隆庆年间的《庄浪卫长城图册》，茶马厅衙就位于城中

洮、河、西、庄、甘五司各厅员。据《清文献通考》记载："督理陕西、甘肃、洮宁等处茶马御史一人。顺治二年（1645 年）设，康熙七年（1668 年）裁，三十四年复设，四十二复裁。"苑马寺卿，掌管马匹放牧孳息繁殖之事；钦监七员，督理各种事务。

顺治二年（1645 年），清政府废除了明代茶马互市贸易的"金牌勘合"制，"我朝定鼎，各番慕义驰贡，金牌可以不用。但以茶易马，务须酌量价值，两得其平"（《清朝文献通考》卷三十）。顺治三年（1646 年），经陕西茶马监察御史廖攀龙的请求，免茶马增解额数。顺治四年（1647 年）设置有满汉巡察御史、笔帖式、通事各员，以便各民族茶马互市咨询。据乾隆《甘肃通志·茶马》记载："每岁御史招商领引纳课报部，所中马，牡者给各边兵，牝者发苑马寺喂养孳息。"

当时茶马贸易的主要地区在甘肃五茶马司。据《甘肃通志》卷十九"茶马条"记载，甘肃五茶司共有茶引 27296 道，每引征茶 5 篦，每篦 2 封，每封 5 斤，共得茶 1364800 斤。而当时全国共有茶引 28766 道，茶 1438300 斤，甘肃占了全国茶引的绝大部分。按照顺治元年（1644 年）清政府规定的"上马给茶十二篦，中马给茶九篦，下马给茶七篦"，这样五茶马司用茶叶为清廷换取了大量的战马。如顺治三年（1646 年），五茶马司积极"招番"中马，当年发茶引 1300 余道，易马 1320 多匹；顺治七年（1650 年），易马 2329 匹，支茶29.64 万斤（包括赏番茶叶在内）；顺治十年（1653 年），易马 3079 匹，支茶30 余万斤。（《茶马御史廖攀龙、王道新、吴达的奏报》）

<h2 align="center">二</h2>

为了确保官营茶马贸易的中马数量，清朝通过加强茶引管理的方式，顺治四年（1647 年）规定："茶篦原供中马，不许别项动支。"顺治七年（1650年）进一步加强了茶马贸易管理，规定陕西、甘肃茶引大小均由官商平分，其中"大引采茶九千三百斤为九百三十篦，商部引输价买茶交茶马司，半入官易马，一半给商发卖，例下抽税……小引包茶，税分差等，每五斤为一包，每二百包为一引"。这样，茶商大量从四川、湖广等茶叶产地，向陕西、甘肃运售茶篦。这使陕甘茶马司内贮存的官茶茶篦大增，从而保证也促进了茶马贸易。

清朝还严格规定了交易的地点："各番许于开市处互市，不得滥入边内。"顺治十年（1653 年），清政府为了控制茶叶走私，规定每茶千斤只准附

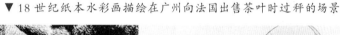

▼ 18 世纪纸本水彩画描绘在广州向法国出售茶叶时过秤的场景

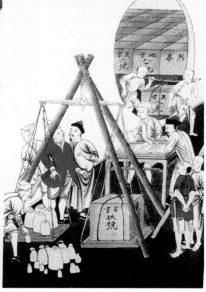

茶 140 斤，"如有夹带私茶，严查治罪。茶篦先由潼关、汉中二处盘查，运至巩昌，再经通判察验，然后分赴各司交纳，官查贮库，商茶听商人在本司贸易"。即使前往清廷朝贡例应给予茶篦赏赐的藏传佛教高僧，对其携带的茶篦数量也有严格的规定和勘对办法。与此同时，清朝还制定了极为严厉的禁私条例，规定"伪造茶引者处斩，籍没当房家产；将茶卖与无引客人兴贩者杖六十原价入官；凡犯私茶者，同私盐法论罪；私茶有兴贩夹带五百斤者，照现行私盐例押发充军"。

从上述可知，清初顺治年间，政府为恢复茶马互市，制定了强有力的茶马互市政策和措施。这些政策和措施很有成效地促进了茶马互市。由于政府采取了促进茶马互市的有力措施，至顺治十三年（1656 年），甘肃各茶马司积存的茶叶很多。政府又规定："新茶中马既足，陈茶变价充饷，如新茶不足，陈茶两篦折一中马。"顺治十八年（1661 年），经西藏达赖喇嘛和根都台吉请求，在云南北胜州开展和藏族茶马贸易。

▼新疆吐鲁沟一带是良好的牧场。图为吐鲁沟的奇观天窗眼

三

清政府利用北方广阔的牧地，在察哈尔、辽宁等地建立了广大的牧场，大大解决了军马之需，茶马互市变得不那么重要了。康熙七年（1668年），裁撤陕西茶马御史，茶马事务由甘肃巡抚监理。

▲ 清末茶马古道上的马帮。马帮首领被称为"锅头"，赶马的人被称为"马脚子"

康熙三十六年（1697年），兰州出现"无马可中"的局面，清政府将甘州司裁并，并规定"甘州司积贮茶篦在五镇俸饷之内，银七、茶三，每银一两搭放，值三钱，茶一封"。康熙四十四年（1705年），停止西宁茶马司互市活动。

康熙末年，又重新恢复甘州、西宁各茶马司的互市活动，但茶马贸易并没有多大起色，形成中马少而积茶多的局面。雍正三年（1725年），清政府规定，在甘肃五茶马司贮存的茶叶，以康熙六十一年（1722年）为始，每隔五年处理一次旧茶，并且成为定制。之后，由于洮岷、庄浪、西宁等茶马司的贸易规模逐渐变小，而将其互市的管理机构做了相应调整，西宁司茶务和洮岷司茶务分别归西宁府和洮岷道监管。雍正十三年（1735年），清政府下令停止各处互市。乾隆时期，官办茶马互市愈加萧条，而商人自行贸易的状况却愈加普遍。西宁、河州、庄浪三司开始以粮易茶。乾隆十一年（1746年），甘肃巡抚黄廷桂向朝廷报告说："西宁、河州、庄浪三司，番、民错处，惟茶是赖。迩年以粮易茶，计用茶六万五千五百余封，易杂粮三万八千一百余石，请著为例。"乾隆二十五年（1760年）、二十七年，先后裁撤洮州、河州茶马司。

随着商品经济的发展，茶叶贸易扩大，有利于增加税收，所以康熙五十七年（1718年），"议准西宁等地方为通番大路，原额茶引九千二百四十八道，不敷民番食用，今加增茶引二千道，每引照例征茶五篦，每篦折银四钱共征银四千两"。康熙六十一年（1722年）又增加西宁、庄浪、岷州、河州等地

交
流
卷

茶引四千道，照例征税。所以未被裁撤的甘州、庄浪、西宁三司负责管理茶税，不再进行易马。乾隆十八年（1753 年），清政府设庄浪茶马理番同知，管理"藏民茶马贸易事"。

庄浪茶马厅作为清代茶马互市制度的遗存，一直延续下来。根据清咸丰三年（1853 年）时任庄浪茶马同知裕文所作《庄浪属署题名碑记》碑文记载，清代仅乾隆十八年（1753 年）至咸丰元年（1851 年）先后任庄浪茶马同知的有47 人，其中既有富安、启成额、富克济、诺明阿、话金、盛露、傅金岱、德克进奉等满人，也有伍格、斐英阿、格根园、克兴额、额尔兴蒙额等蒙古人，还有大量的汉人。这些官员来自全国各地，而且文化层次很高，有进士 7 人，贡生、举人、监生 22 人，一直到民国二十四年（1935 年），永登"县府礼堂的左侧，有一门上写'甘厅庄浪茶马厅'，这是昔日边疆政策的一个遗迹"。

川茶易马始雅安

——四川天全县清代边茶仓库

在四川天全县始阳镇新中村六组老街边，现存一座清代官方储藏边茶的仓库。唐开元十九年（731 年），吐蕃请开茶市，朝廷允行"茶马之政"，开设茶马贸易市场。全国茶马市场之一的碉门茶马互市，沿设至清朝中期。始阳镇地处雅安、名山、碉门之间，各道入藏皆路经此处。这座建筑始建于清康熙年间，由乡绅高炳举修建。各地官、商都将茶叶囤积于此，该仓库正是

▼天全县境内的茶马古道，是现在川藏公路经过的地方，冬天通行非常困难

▲青海省博物馆收藏的清代黄铜茶炉

当时储存边茶的仓库，始阳也成了除碉门之外的茶马互市的又一重要处所。目前该建筑只存梁柱，但从整体结构来看，当时这个仓库规模很大，可以反映清代茶马贸易规模之盛。

一

清代茶马贸易，在顺治年间，出于"军马需要"和"羁縻"的目的，快速地恢复和兴盛起来。但是到了顺治年间的后期，由于诸种原因，却已经开始出现衰落的征兆。据《清史稿·食货志》记载："（顺治）十三年（1656 年），以甘肃所中之马既足，命陈茶变卖充饷。十四年，复以广宁、开成、黑水、安定、清安、万安、武安七监马蕃，命私马私茶没入变价。原留中马支用者，悉改折充饷。"到康熙四年（1665 年），清朝政府决定裁去陕西苑马各寺监，归并甘肃巡抚管辖。康熙七年（1668 年），清朝政府又裁茶马御史，甘肃巡抚兼理。康熙三十四年（1695 年），刑科给事中裴元佩又向清朝政府上书，强调茶马贸易的重要性："马政事关紧要，洮岷诸处，额茶三十余万篦，可中马一万匹。陈茶每年带销，又可中马数万匹。茶斤中马，甚有裨益……应将额茶中得之马给营驿外，其余马，每年交秋，将数千匹送至红城口等处牧放。"康熙帝批复："茶马事关要紧，着遣专官管理。"但是在裴元佩上奏的第二年，就出现了"兰州无马可中"的情况。到康熙四十四年（1705 年），甚至连西宁茶马司等处也终因马匹"招中无几"，清政府只得将"西宁等处所征茶篦停止易马，将茶变卖折银充饷"。在茶马贸易衰落的情况下，为了及时处理陕西五司内的积贮茶篦，清朝政府或将茶篦充饷，或用茶篦换取蒙古族和藏族等少数民族的驼、牛、羊、粟、谷等物。

虽然官府主导的茶马贸易逐渐衰落，但民间的商茶不断兴盛，也就是储边易马的官茶数量在减少，但给引征课的商茶却在不断增加。如《陕西通志》记载："官茶一千封，赴甘省五司照例交纳，其商附茶封一千二百八十封。任商货卖归本，接济新引。"商茶数量超过了官茶的数量。乾隆年间对边茶贸易制度进行了重大改革，即改"官营"或"官商合营"为"商营"，改"茶马交易"为"茶货交易"；并推行一种产、销对口的茶叶"引岸"贸易制。民间的茶叶贸易为清廷提供了源源不断的税收，所以政府也积极支持民间茶马贸易的发展。

二

早在汉晋时期，四川就成为茶的主产区。唐宋时期，四川的茶业繁荣，在全国处于领先地位。明末清初，四川地区长期战乱，社会经济遭到严重破坏，茶叶生产严重衰退。清初，政府采取一系列措施恢复和发展四川地区的经济，如采取"湖广填四川"的政策，直到康熙初年，四川逐渐安定，茶园才重新出现生机，四川茶业恢复并重新成为全国重要的产茶区之一。到康熙

▼清代初期，换马的茶叶由官方管理。图为官茶入库的复原图

二十六年（1687 年），川茶生产迅猛恢复，"时四川产茶多，其用渐广，户部议增引，迄康熙末，天全土司、雅州、邛、荣经、名山、新繁、大邑、灌县并有所增"（《清史稿·食货志》）。

雍正十三年（1735 年），户部在酌定川省引票办法时说："现今请引省份，俱系一式行销，并无别项名目。惟四川一省，各商领引之后，有在本地各州县销售者，亦有发往土司地方贩卖者，更有运至口外各部落行销者。其间有腹引、土司（引）、边引之分。"嘉庆之前，总计全川最高共颁行引票 146713 张。其中边引 101317 张，土引 31120 张，腹引为 14276 张。嘉庆以后，由于新辟了一些购销引岸，据统计，全川茶叶总产量当在 25 万担左右，按照清制一担茶为 100 斤，总共有 2500 万斤，川茶引额加上照票等即共有 159026 张。

从唐宋开始，四川茶叶就主要销往藏区，换取藏人的战马。到清代时，茶马贸易已经延续了近千年。对于藏人来说，马有销路，刺激了畜牧业的发展；茶有来源，保证了肉食乳饮民族的健康。对于汉人来说，茶有销路，促进

▼锅庄是四川康定特有的行业，早期是听命支差、办理纳贡的派出机构，清中期演变为集商贸、货栈和商业中介为一体的商业机构，在茶马交易中起了重要作用

了汉地茶叶的发展；马有来源，则保证了国家战略需要和长治久安。清代川茶主要销往藏区。为了促进汉藏茶马贸易的发展，清朝政府在康熙三十五年（1696年），"四川巡抚于养志遵旨，会同乌斯藏喇嘛营官等查勘打箭炉地界，奏番人籍茶度生，

▲成都都江堰城南至松潘 320 公里的松茂茶马古道

居处年久，且达赖喇嘛曾经启奏准行，应仍准其贸易。理藩院议准，从之"。

在其他地区茶马贸易衰落之后，仍然发展"打箭炉番人市茶贸易"，四川天全县清代边茶仓库应该是在这时候兴建的。

三

随着茶业贸易的发展，销往边疆的川茶形成了西路边茶和南路边茶。西路边茶主要产区包括灌县（今都江堰市）、汶川、茂县、大邑、崇庆、彭县（今彭州市）、什邡、绵竹、安县、北川、平武等县，以灌县为加工制造中心和集散地，行销松潘、理番、懋功、若尔盖等地；南路边茶的主要产区包括雅安、天全、荥经、名山、邛崃等县，以雅安为制造中心，以打箭炉（今康定）为主要集散地。南路边茶又通过集散地由藏商、官僧、土司头人等转运至西藏、青海、甘肃等民族地区。

南路边茶在康熙四十年（1701年）前已颁行茶引，此后各州县不断增加引额，到了乾隆五十八年（1793年）已增至 104424 张。此外尚有照票约 4000 余张。据统计，到了嘉庆二十年（1815年），边引占全部茶引的 66%，而其中行销打箭炉的茶引占全部茶引、边引的比例分别为 53% 和 79%。可见，南路边茶产、销量最大。雅安不仅是川茶的主产地区，也是边茶的制作地区。管理茶马贸易的官衙就设于碉门，也就是现在的天全县。

据任乃强先生考证，从南路边茶的集散地打箭炉（今康定）到生产地雅州，有两条道路：第一条，"自打箭炉出瓦司沟渡河，自宂州斜上，经岩州（今俗称昂州，亦作岚州），逾邛崃山脉，循岩州河、天全河至雅州交马，取得茶票，回天全（时称碉门）易茶，从原路归。其道在旄牛古道之南，较古道直捷，山径亦低而短，为比较进步之道路。今世已废，遗迹犹可考见。"第二条，"自打箭炉逾雅加埂，经磨西、咱威渡大渡河，经沈村，逾飞越岭，过黎州（今汉源县）更逾大相岭至雅州交马。赴碉门领茶运回。此路较前者纡远，原非正道。不过朝廷对于此路之马，恤其道远，特予高价；且黎州至雅州大道，开辟已久，行旅便之，故有来者。"（《任乃强藏学文集·文论辑要卷》）

正因为当时的边茶数量非常大，当地商人高炳举修建了该仓库，一方面保证了边茶的储存，另一方面也能获得不菲的收入。始阳镇的边茶仓库成为除碉门之外的茶马互市的又一重要的历史遗迹。

从唐宋开始的茶马贸易，不仅体现了中原王朝"以茶治边"的政治智慧，而且加强了民族联系，加深了民族感情，增强了藏区人民对中央政权的向心力，茶叶成为藏汉两地人民生活紧密联系的最好物质和文化载体。历史上形成的甘青、川藏、滇藏三条茶马古道一直延续到清代。通过这些古道，陕茶、川茶和滇茶源源不断运销至边疆地区，增进了内地和边疆、汉族和少数民族的经济文化交流，在经济互补、相互依赖中结成一个整体，天全县清代边茶仓库就是历史的见证。

山间铃响马帮来

——云南丽江束河茶马古道博物馆

束河古镇是滇藏茶马古道上保存完好的重要集镇，镇内有一座茶马古道博物馆，由 400 多年前木氏土司"束河院"改建而成。其中有《大觉宫壁画》，为江南著名画家马萧仙作品，与白沙壁画一样，是明代壁画典范之作。茶马古道滇藏道从云南茶叶主产区思茅、普洱出发，经大理前往丽江、迪庆进入西藏到达拉萨，再从西藏前往尼泊尔、印度，是古代中国与南亚地区重要的贸易通道。束河古镇的这个博物馆是中国第一家专门研究并展示茶马古道历史文化的博物馆，是人们了解茶马古道历史文化的重要窗口。

▼图为西南茶马古道上的背夫，1920 年西方植物学家洛克摄

一

茶马古道滇藏道的形成，跟云南境内的茶叶密切相关。云南西南部气候炎热、雨量充沛，是茶树生长的最佳地区，所以有着悠久的茶叶生产历史。据清道光年间《云南通志》记载，今西双版纳的茶山地区有茶王树，"较五茶山独大，本武

▲位于云南丽江束河的茶马古道博物馆，收藏了大量有关茶马贸易的文物

侯遗种，至今夷民祀之"。这些古茶树多为野生植株，也有一部分是人工种植的。云南地区出现采茶供饮的记载是在唐代。唐代《蛮书·云南管内物产》记载："茶出银生城界诸山，散收无采造法。蒙舍蛮以椒姜桂和烹而饮之。"银生城为南诏所建，位于今云南景东一带，为南诏七节度之一银生节度治所，辖今普洱市、西双版纳傣族自治州、缅甸景栋、老挝北部、越南莱州等地。南诏贵族令人采银生城界诸山出产之茶，与花椒、姜、肉桂同烹供饮，到宋代还延续这种饮俗。据李石的《续博物志》记载："茶出银生诸山，采无时，杂椒姜烹而饮之。"

云南地区开始茶马贸易始于宋代。绍兴三年（1133年），大理国诸蛮赴泸南（今四川泸州以南）售马，大理国马队所携的货物中有茶叶。宋人饮茶，习惯将茶叶碾碎揉之制为上品，称"大小龙团"，而视散片之茶为下等茶。

到了明代洪武二十四年（1391年），因制造龙团茶颇费民力物力，明太祖朱元璋下诏罢造龙团茶，以后仅许采茶芽以进。滇西南的大叶种茶最早指普洱县（今宁洱县）一带的茶，便以其主要产地普洱府命名为"普洱茶"。由于银生诸山气候、海拔、土壤的特殊条件，各茶山的普洱茶品质很相似，后来银生诸山的茶也汇集到普洱县制作。为压缩茶叶、包装方便运输，茶商将初采的散茶上笼略蒸，压制为茶块或茶饼，开创了普洱茶多压制为茶块、茶饼的先河。

普洱茶的主要特点是生长迅速、采摘期长并可多年栽培，无须施肥除虫，而且茶叶味酽耐泡，历十余泡茶味仍不衰。因此，大叶种茶不仅种植及加工工艺简单，制成以后可长期保存，而且数年后滋味更显醇厚，有助消化和驱赶风寒。清人毕沅在《续资治通鉴》记载："普洱茶膏能治百病，如肚胀受寒，用姜汤发散，出汗即愈；口破喉颡，受热疼痛，用五分噙口过夜即愈；受暑擦破皮血者，研敷立愈。"

二

云南所产普洱茶兴起并大量生产始于清代。唐宋以来，藏区所需的大量茶叶主要靠四川地区供应。明末因遭受战乱破坏，四川运销藏区的茶叶大幅度减少。到了顺治十八年（1661年），达赖喇嘛奏请于北胜州（治今云南永胜）设互市交易茶马。当时吴三桂镇守云南，总揽云南军民诸事，他看准这一商机，上奏清廷：云南所需之马，每年须奏请朝廷遣官往西宁购买，难免长途跋涉之劳。今达赖喇嘛既愿通市，"臣愚以为允开之便"，建议"令商人于云南驿盐道领票，往普洱及川、湖产茶地方采买，赴北胜互市，官为盘验，听与番

▼茶马古道博物馆收藏的清代木马

人交易"(《庭闻录》)。滇西南所产之茶，遂得以大量生产并销往藏区。据清代谭方之《滇茶销藏》记载：

> 滇茶为藏所好，以积成习。故每年于春冬两季，藏族古宗商人，跋涉河山，露宿旷野，为滇茶不远万里而来，是以紧茶一物，不仅为一种商品，可称为滇藏间经济上之重要联系，抑且有政治联系意义。概藏人之于茶也，非如内地之为一种嗜品或逸兴物，而为生活上所必需，大有"一日无茶则滞……三日无茶则病"之概，自拉萨至阿墩子，以致滇西北丽江转思茅，越重山，过万水，历数月络绎不绝于途者，即此故也。

康熙二十年（1681年），吴三桂叛乱失败。北胜州、中甸等地的茶马互市一度停办。此后不久，北胜州、中甸等地的互市逐渐恢复，还增加了鹤庆、丽江、金沙江（今丽江以东）等多处互市。康熙二十二年（1683年），康熙帝诏准西宁的蒙古族商人，可赶马至鹤庆等地交易茶叶。雍正二年（1724年）云贵总督高其倬上书奏报安抚中甸等事时说，"旧行滇茶，视打箭炉例，设引收课"，可见中甸等地的茶马互市照常进行。云南与藏区之间的茶马贸易，有力地推动了滇西南大叶种茶的种植与生产，云南逐渐成为全国知名的茶叶产地。

雍正六年（1728年）正月，朝廷根据云贵总督鄂尔泰的建议，对滇西南的六大茶山等地进行改土归流。之后，清廷将思茅、普藤、整董、猛乌和六大茶山，以及橄榄坝六版纳划归流官管辖，其余江外六版纳仍属车里宣慰司。随后升普洱为府，移元江协副将驻之。思茅界接茶山，为车里地区的咽喉要地，清廷乃将普洱原设的通判移驻思茅，设巡检、安千总各一员，负责捕盗及管理思茅、六大茶山的事务。雍正七年（1729年），鄂尔泰又奏准在思茅设总茶店，由通判亲自主持，管理当地的茶叶交易。客商买茶，每驮须纳茶税银三钱，由通判负责管理，试行一年后，由地方官府将征税定额报部。

三

雍正十三年（1735年），朝廷设普洱厅，管辖车里、六顺、倚邦、易武、勐腊、勐遮、勐阿、勐龙、橄榄坝九土司及攸乐、土月共八勐之地，至此六大茶

茶马古道滇藏线山大谷深，坡陡弯急
图为云南德钦县茶马古道上的一段

山均纳入普洱厅管辖的范围，普洱厅逐渐成为普洱茶购销的重要集散地。朝廷颁给云南 3000 份茶引，下发各茶商以行销办课。同年，普洱茶被朝廷列为贡茶，至光绪三十年（1904 年）贡茶中止，普洱茶每年上贡长达 176 年，朝廷每年支银 1000 两采购普洱茶。

清廷为保证六大茶山倚邦正山贡茶供应，于公元 1845 年在倚邦老街设立茶马司，负责贡茶采办及管理茶马互换交易。清廷还修建了进出普洱的"官道"，在今普洱县境内，仍保留有三处较完整的官道遗址：一是位于同心乡那柯里村的"茶马古道"，二是位于凤阳乡村的"茶庵塘古道遗址"，三是位于磨黑镇孔雀坪的"孔雀坪地古道遗址"。这条道路从普洱出发后，一路北上，经大理、丽江、德钦、察隅、邦达、林芝到达拉萨。运往藏区的茶除了换取马匹外，从藏区驮出来的有皮毛、麝香、鹿茸、藏红花、贝母、虫草等特产。到达拉萨的茶叶，还经喜马拉雅山口运往印度加尔各答，大量行销欧亚，使它逐渐成为一条国际大通道。

丽江境内的茶马古道主要分为西线、东线、南线三条。东线从丽江古城出发，经金山良美，翻越震青山，过金安十二栏杆坡，从梓里桥进入永胜境内，最后抵达康定、雅安等地；南线从古城出发，经金山乡东元、漾西、邱塘关，进入七河境内，最后抵达鹤庆、大理；西线从丽江古城出发，经拉市乡的海北、海南两条分线，翻越蒙是山，从蒙古哨下山，从七十二道弯铺石古道进入龙蟠境内，由阿喜、鲁南两个渡口进入藏区。丽江就在茶马古道出川、入藏、下滇的交汇点上，是滇藏道的枢纽。

山间铃响马帮来。在车辆如梭的今天，马帮已经消失，山林再听不到清脆的马铃响了，但在滇、川、藏"大三角"地带的丽江，保存了较好的茶马古道遗址，如丽江拉市海附近的茶马古道遗址、为过往马帮保驾护航的"蒙古哨"、接待过往马帮客的九初村等。作为连接滇川藏的茶马重镇，丽江束河古镇茶马古道博物馆，比较系统地介绍了茶马古道的起始时间、线路和重大历史事件，给我们留下了"茶马古道"丰富的文化记忆，让我们在时间的流逝中还能看到行走在古道上的马帮，还能听到回响在山谷间的铃声。

参考文献

［1］二十四史（中华书局点校本）.

［2］封演.封氏闻见记校注［M］.赵贞信校注.中华书局，2005.

［3］李吉甫.元和郡县图志［M］.中华书局，1983.

［4］王溥.唐会要［M］.文渊阁《四库全书》本.

［5］李焘.续资治通鉴长编［M］.中华书局，2004.

［6］佚名.宋大诏令集［M］.中华书局，1962.

［7］李心传.建炎以来朝野杂记［M］.商务印书馆（排印本），1936.

［8］李心传.建炎以来系年要录［M］.中华书局，1985.

［9］周去非.岭外代答校注［M］.杨武泉校注.中华书局，1999.

［10］范成大.桂海虞衡志辑佚校注［M］.胡起望，覃光广校注.四川民族出版社，1986.

［11］王应麟.玉海［M］.上海书店（影印本），1987.

［12］张舜民.画墁录［M］.文渊阁《四库全书》本.

［13］彭大雅.黑鞑事略校注［M］.许全胜校注.兰州大学出版社，2014.

［14］王存.元丰九域志［M］.魏嵩山，王文楚点校.中华书局，1984.

［15］吴儆.竹洲集［M］.文渊阁《四库全书》本.

［16］大元马政记［M］.广仓学窘丛书本.上海仓圣明智大学铅印，1916.

［17］周伯琦.周翰林近光集［M］.明祁氏淡生堂抄本.

［18］佚名.元朝秘史［M］.文渊阁《四库全书》本.

［19］王恽.秋涧集［M］.文渊阁《四库全书》本.

［20］周伯琦.近光集［M］.文渊阁《四库全书》本.

［21］权衡.庚申外史［M］.海山仙馆丛书本.

交
流
卷

［22］瞿九思．万历武功录［M］．中华书局，1962．

［23］申时行等修．明会典［M］．中华书局，1989．

［24］郭从道．徽郡志［M］．台湾成文出版社有限公司影印，1970．

［25］吕柟．泾野先生文集［M］．齐鲁书社，1997．

［26］陈子龙等编．明经世文编［M］．中华书局，1962．

［27］顾炎武．天下郡国利病书［M］．上海古籍出版社，2012．

［28］王圻．续文献通考（影印本）［M］．现代出版社，1991．

［29］徐弘祖．徐霞客游记［M］．朱惠荣校注．云南人民出版社，1985．

［30］任洛等．辽东志［M］．《续修四库全书》编委会．续修四库全书．上海古籍出版社，2002．

［31］叶向高．四夷考［M］．国学文库，1934．

［32］王世贞．弇山堂别集［M］．魏连科校注．北中华书局，1985．

［33］杨寿．万历朔方新志［M］．吴忠礼．宁夏历代方志萃编．天津古籍出版社，1988．

［34］明实录．黄彰健校注［M］．中华书局，2016．

［35］刘锦藻．清朝文献通考［M］．浙江古籍出版社，1988．

［36］刘于义修，沈青崖纂．陕西通志［M］．雍正十三年刻本．

［37］彭遵泗．蜀故［M］．道光十三年刻本．

［38］常明，杨芳灿．四川通志［M］．嘉庆二十一年刻本．

［39］阮元．云南通志［M］．道光十四年刻本．

［40］毕沅．续资治通鉴［M］．岳麓书社，1992．

［41］汪灏．御定佩文斋广群芳谱，文渊阁《四库全书》本．

［42］昆冈等修．钦定大清会典事例［M］．光绪二十五年重修本．

［43］张伯魁．徽县志［M］．嘉庆四十二年抄本，1976．

［44］严可均．全宋文［M］．苑育新审订，商务印书馆，1998．

［45］谷应泰．明史纪事本末［M］．中华书局，1977．

［46］张彦笃主持，包永昌纂修．洮州厅志［M］．光绪三十三年抄本．

［47］吕震南．阶州直隶州续志［M］．兰州大学出版社，1987．

[48] 赵学敏. 本草纲目拾遗 [M]. 中国中医药出版社, 1998.

[49] 刘健. 庭闻录 [M]. 上海书店, 1985.

[50] 清实录 [M]. 中华书局, 2008.

[51] 徐松. 宋会要辑稿 [M]. 中华书局, 1957.

[52] 董诰, 阮元, 徐松等纂. 全唐文 [M]. 嘉庆二十三年扬州诗局刻本.

[53] 赵尔巽主编. 清史稿 [M]. 中华书局, 1998.

[54] 张维. 陇右金石录 [M]. 台湾新文丰出版公司, 1979.

[55] 张培爵, 周宗麟. 大理县志稿 [M]. 台湾成文出版社, 1974.

[56] 顾祖成. 明实录藏族史料 [M]. 西藏人民出版社, 1982.

[57] 尤中. 中国西南民族史 [M]. 云南人民出版社, 1985.

[58] 吴忠礼. 明实录宁夏资料辑录 [M]. 宁夏人民出版社, 1988.

[59] 贾大泉, 陈一石. 四川茶业史 [M]. 巴蜀书社, 1989.

[60] 陈梦家. 殷虚卜辞综述 [M]. 中华书局, 1988.

[61] 白寿彝. 中国通史 [M]. 上海人民出版社, 2004.

[62] 内蒙古社科院历史所. 蒙古族通史 [M]. 民族出版社, 1991.

[63] 杨圣敏. 中国民族志 [M]. 中央民族大学出版社, 2004.

[64] 方诗铭, 王修龄. 古本竹书纪年辑证 [M]. 上海古籍出版社, 2005.

[65] 周伟洲. 吐谷浑史 [M]. 广西师范大学出版社, 2006.

[66] 姜建设. 尚书注说 [M]. 河南大学出版社, 2008.

[67] 清史列传 [M]. 王钟翰校阅. 中华书局, 1987.

[68] [民国] 任乃强. 川康交通考 [J]. 新亚细亚, 1932, 3, (4).

[69] 陈汛舟. 南宋的茶马贸易与西南少数民族 [J]. 西南民族学院学报, 1980 (1).

[70] 顾吉辰. 邈川首领董毡生卒年考 [J]. 西藏研究, 1983 (4).

[71] 陈宏茂. 试论宋辽间的榷场贸易 [J]. 河南财经学院学报, 1985 (3).

[72] 马曼丽. 论吐谷浑与周邻的关系 [J]. 甘肃社会科学, 1987 (4).

[73] 施由民. 清代茶马政策与茶马互市 [J]. 农业考古, 1993 (4).

[74] 向翔. 茶马古道与滇藏文化交流 [J]. 云南民族大学学报, 1994 (3).

交
流
卷

[75] 波·少布. 元朝的马政制度 [J]. 黑龙江民族丛刊，1995（3）.

[76] 陈安丽. 清代太仆寺左右翼牧厂初探 [J]. 内蒙古大学学报，1988（2）.

[77] 林琳. 论秦代以前中华民族的马文化 [J]. 广西民族研究，1999（1）.

[78] 李楚荣. 广西宜州发现的铜鼓、画马崖画与古代马市、驿铺关系初探 [J]. 广西民族研究，2001（2）.

[79] 刘一曼，曹定云. 殷墟花东 H3 卜辞中的马——兼论商代马匹的使用 [J]. 殷都学刊，2004（1）.

[80] 林梅村. 于阗花马考——兼论北宋与于阗之间的绢马贸易 [J]. 西域研究，2008（02）.

[81] 陈波. 贡马：明代汉藏关系的一种历史人类学阐释 [J]. 中国农业大学学报（社会科学版），2009（2）.

[82] 方铁. 清代云南普洱茶考 [J]. 清史研究，2010（4）.

[83] 裴一璞，唐春生. 宋代四川与少数民族市马交易考述 [J]. 重庆师范大学学报，2010（3）.

后　记

　　集思广益，群策群力，从武威市"中国马文化"项目确立，到力求全面梳理中国古代马文化形态的大型历史文化丛书《中国马文化》正式出版，历时三年，今天可以暂时画上一个句号。

　　为什么要用"暂时"这个词呢？因为当这项工作起步时，我们纵览中国马文化形态，不外乎"三种八类"：三种即物质形态、制度形态和精神形态；八类包括古代各民族对马的驯养和控驭、应需而生的各种工具、马成为战争的利器、对良马的培育与交流、马政制度、人马之情、以文学和绘画及雕塑等形式表达对马的崇尚与赞美，以及辐射、融入意识领域的马图腾崇拜现象。因此我们策划以类为编，分10卷纵深钩沉、搜集梳理。10卷编撰工作的有序进行，犹如10匹骏马承载着各类文化形态从远古走来，从八方汇聚于我们眼前，其丰富、其厚重、其灿烂令人惊叹。然而，由于各方面的局限，本丛书所涉内容截止年限暂定在清末，其后的内容和大量的各类形态遗存，还有待我们与仁人志士继续发掘、研究。从这个意义上说，在中国马文化研究领域，此次编撰工作的句号是暂时的，成果是基础性和阶段性的。

　　岁月沧桑，思接千载，然而千年不变的是，自张骞凿空丝绸之路以来，古称凉州、姑臧的武威市历来是欧洲、中亚、西亚与中国贸易交往的必经孔道。回望丝绸古道，敦煌天马、乌孙西极马、大宛汗血宝马、天竺马、波斯马、大秦马……曾经负载着西域的物质文明和精神文明驰过武威大地进入中原，一匹匹中国培育的名驹良马驮着中原的丝绸和华夏文明驶向西域，铁蹄踏起的尘埃还依稀在空中飞扬，仰天的嘶鸣余音仿佛还在时空中交响，张骞、霍去病、金日磾、班固、马援、鸠摩罗什、隋炀帝、玄奘法师、马可·波罗……来来往往的马上身影一直在武威的历史长河中迭现，人与马构成的精彩故事在武威留下了浓郁的马文化氛围。

武威雷台汉墓出土的铜奔马，被公认为中国古代马文化的代表之作。其设计理念、造型艺术、铸造工艺，蕴含着我们的先祖对天马、对凉州大马的喜爱尊崇之情，凝聚着武威人民的智慧，可谓达到登峰造极、无与伦比的境界。铜奔马是中国马形象最美的表达，并于1983年10月荣膺中国旅游标志，足以说明武威自古就是中国马文化的富聚地。

今年，以纪念武威铜奔马发现50周年为契机，编撰大型历史文化丛书《中国马文化》，树起马文化渊薮的旌旗，为中国马文化研究与文艺、旅游等产业的对接架起一座桥梁，造福桑梓，助推经济文化的繁荣，是新时代对我们的呼唤，也是武威市责无旁贷的使命。《中国马文化》丛书的出版发行，对挖掘、传承、弘扬中华优秀传统文化，揭示中华民族龙马精神的核心内涵，具有积极的现实意义。

在主编刘炘先生的主持下，我们组织了一个坚强有力的工作团队，汇聚了一批文笔娴熟、通晓历史、文风严谨的作者，一批在马文化研究、考古、历史学、文学、艺术等方面颇有造诣、治学严谨的学术顾问，一批有实力与创新力的摄影师、插图画家、版面设计、美术编辑和排版编辑，一批勤于组织协调且任劳任怨的编辑人员。三年间，他们克服种种困难，共同协作，高标准地完成了丛书编委会制定的目标。

在此，我们衷心感谢为此书付出大量心血的各位编委会成员、作者、学者、编辑、画家、摄影家、技术人员，你们辛苦了！

衷心感谢通过辛勤努力积累了丰富马文化资源和研究成果的前辈以及同道学者，你们的学术成果为我们的写作创造了条件。

衷心感谢为《中国马文化》丛书的撰写、出版给予大力支持的甘肃省文史研究馆、敦煌研究院、西北师范大学、西北民族大学、甘肃农业大学、读者出版社等有关单位和个人！

书中的缺漏及偏颇之处在所避免，敝帚自珍，不揣浅陋，恳切求教于方家。

武威市《中国马文化》丛书编辑委员会

二〇一九年三月

《中国马文化》丛书
参与人员名录

主　　编	刘　炘		
作　　者	姬广武	张成荣	《驯养卷》
	柯　英		《役使卷》
	寇克英		《驰骋卷》
	王　东		《马政卷》
	王万平	王志豪	《交流卷》
	赵开山		《神骏卷》
	孙海芳		《文学卷》
	崔　星		《绘画卷》
	徐永盛		《雕塑卷》
	王　琦		《图腾卷》
学术审定	胡自治		《驯养卷》
	边　强		《役使卷》
	李并成		《驰骋卷》
	尹伟先		《马政卷》
	边　强	汪　玺	《交流卷》
	胡云安		《神骏卷》
	张文轩		《文学卷》
	边　强		《绘画卷》
	刘可通		《雕塑卷》
	李并成		《图腾卷》

图文方案设计 / 图片编辑　　刘　炘

文字编辑　姜洪源

通联编辑　胡津兰

插图编辑	贺永胜	何剑华			
插　　图	朱志勇			（水墨插图）	
	戴晓明			（钢笔水墨插图）	
	赵　天			（铅笔淡彩插图）	
	刘程民			（电脑插图）	
	杜少君			（电脑插图）	
	贺永胜			（示意图）	
	李亮之			（水彩插图）	

摄　　影（以姓氏笔画排序）

丁建荣	马均海	马新宝	王　东	王　金
王　琦	王　璞	王万平	王文林	王正军
王军龙	王志豪	王重阳	王俊毅	王晓勤
王新伟	左碧薇	田　寅	史学军	冯清伟
朱　夔	朱兴明	朱诚朴	仵爱斌	冰　洋
刘永红	刘　炘	刘兆明	刘　森	刘秀文
闫晓东	祁怀龙	孙长江	孙志成	孙海芳
李　炜	李　健	李仁奇	李玉明	李国民
杨　霞	杨文贵	肖金龙	吴俊瑞	何少华
何建银	何剑华	沙与海	张西海	张红兰
张国银	张振宇	张晓东	张润秀	张福义
陈　巾	岳建海	金光宇	郑　华	赵广田
赵开山	胡百纯	胡余青	胡锐飞	柯　英
侯建平	贺永胜	秦　建	秦胜铡	徐永盛
高　丽	姬广武	黄　华	黄　猛	黄振山
崔　星	寇克英	彭志浩	鲁家春	温志怀
温翠萍	谢安珍	谢荣乐	廉宗仁	潘　登
魏其云				

协　　调	赵金山	唐浩鼎
装帧设计	贺永胜	
排版制作	晨　曦	